为什么你学不会理财

理财是个技术活

李宁子◎著

民主与建设出版社
·北京·

图书在版编目（CIP）数据

为什么你学不会理财 / 李宁子著 . -- 北京 : 民主与建设出版社 , 2021.11
ISBN 978-7-5139-3700-9

Ⅰ . ①为… Ⅱ . ①栗… Ⅲ . ①财务管理 - 通俗读物
Ⅳ . ① TS976.15-49

中国版本图书馆 CIP 数据核字 (2021) 第 216735 号

为什么你学不会理财
WEISHENME NI XUEBUHUI LICAI

著　　者　李宁子
责任编辑　程　旭
封面设计　红杉林
出版发行　民主与建设出版社有限责任公司
电　　话　（010）59417747　59419778
社　　址　北京市海淀区西三环中路 10 号望海楼 E 座 7 层
邮　　编　100142
印　　刷　唐山富达印务有限公司
版　　次　2021 年 11 月第 1 版
印　　次　2021 年 11 月第 1 次印刷
开　　本　880 毫米 ×1230 毫米　1/32
印　　张　8.75
字　　数　200 千字
书　　号　ISBN 978-7-5139-3700-9
定　　价　52.00 元

注：如有印、装质量问题，请与出版社联系。

目录

CONTENTS

217

第九章

人生最美好的事，莫过于躺着赚钱

253

第十章

离想要的生活更近一点

第一章

你为什么要有钱

1. 你为什么要有钱

可能很多人都听过这样一个小故事。

有一个有钱的商人来到一个小岛上度假，雇用了岛上的一个渔夫当导游。几天相处下来，商人问渔夫："你为什么不买一艘新的渔船，捕更多鱼、赚更多钱呢？"

渔夫不解地问："然后呢？"

商人说："然后你就可以用赚来的钱，买更多船，组建一支船队，捕更多鱼。"

渔夫继续问："然后呢？"

商人回答："然后你就可以开一个鱼工厂，把你的鱼做成罐头卖到全世界！"

渔夫还是问："然后呢？"

商人说："然后你就可以跟我一样，到这样的小岛上悠闲度假，享受生活了呀。"

渔夫回答："可是我现在已经过着这样的生活了呀？"

大部分人听到的版本应该都是到这里结束，因此很多人会把这个故事的寓意理解为"钱并没有那么重要，我们没必要为了钱过得太辛苦，而更应该活在当下、享受生活"。

但其实，这个故事的完整版还有一个结尾。

听完渔夫的回答，商人说："虽然你很享受在这个岛上的生活，但这样的生活，只是我一年中的一小部分而已。"

也许很多人都会像这个渔夫一样，觉得对现在的收入很满意，也从没计划过这辈子要赚够多少钱、升到怎样的职位，觉得能慢慢涨薪、慢慢变富也很好，不必想方设法辛辛苦苦去追求更多的财富。但商人的话，才是这个故事真正想表达的，那就是，渔夫看似理想的生活，实际上是受限于一个永远没有尽头的圈子，并不拥有任何选择权。

试想一下，如果这个岛上突然遭受自然灾害，或者是遇到"新冠肺炎"这样的全球疫情，岛上的游客很可能瞬间变为零，渔夫自然会失去他的收入。他一旦离开这座岛，收入也会立刻归零，因此他无法带自己的家人去周游世界，看不一样的风景，或是让他的小孩享受更好的教育、拥有更广阔的视野。看似过得"自由潇洒"的渔夫其实不具备任何承担风险的能力，也不拥有任何对自己生活的选择权，没有真正意义上的自由选择的能力。

想一想，你是不是也和这个渔夫一样，过着自以为还不错的生活，而一旦失业，就有可能失去一切？

讲这个小故事，并不是想贩卖焦虑，只是想告诉大家：我们所追求的财富自由，并不是要拥有很多很多的钱或是成为像巴菲特一样的投资大神，而是通过财富自由，拿回自己人生的选择权。

如果不考虑钱，只谈梦想，可能很多人的回答是能到处旅游、环游世界；也有人会想做公益或从事艺术相关的工作，过得体面而洒脱。但现实却是，这些事情都需要钱做支撑。

渔夫自然无法选择这样的生活方式，但商人可以。并不只是因为商人有钱，更重要的是，钱带给了他自由选择的权利。

没有钱，人就好像被一条绳子绑住了，身心都受到束缚，选择非常有限。只有当你成为这条绳子的掌控者时，你才能随心所欲，自由选择你想做的事。

做任何事情之前，我们都需要想清楚自己的动力和目的是什么。你要想想，你努力存钱、学习投资理财，是为了什么？是想要无所顾忌地购买？是想让家人过上更好的生活？还是有什么未完成的梦想？你心里有答案吗？

拿我自己来说，我学习投资理财的目的，不过是为了两个字——自由。

我希望我可以得到全方位的自由，无论是思想上的、时间上的，还是人生的自由。最重要的，是我想自由地成为我想要的自己。当然，这份自由都是在法律允许范围之内的。

我很不喜欢“无法做选择”。那些因为自己不具备相应的经济能力而被迫或勉强做的选择，会让我感到痛苦。往浅一点说，因为有经济压力，坐飞机必须乘坐经济舱，住酒店只能选快捷酒店；往深了说，因为喜欢做的事情赚钱太少，所以不得不去做薪资更高，但其实自己并不喜欢的工作。我无法想象如果接下来的人生，每天都要做不喜欢的工作会有多痛苦。

经历了创业、上班、绕着世界一大圈之后，我越来越意识到，我想要的理想生活，离不开自由，也离不开钱。如果没有基本的金钱自由，就无法拥有真正的自由。这个自由，不仅仅是指人身自由、时间自由，还有更重要的——选择自由。这些自由，必须要有基本的金钱自由来作为支撑。

想清楚了我内心真实的渴望，我就有了非常强大的动力去学习研究投资理财、创造自己的被动收入，这就是我的驱动力来源。

很多人都喜欢抱怨自己当下的生活：“996 工作制”，自己可支配的时间很少；做着钱少活儿多离家远的工作，还要被老板指示来指示去……

但是抱怨归抱怨，自己心里其实知道这样的生活也不算太差，并没有痛苦到让你想要改变。有时候，人们甚至已经习惯了这样的痛苦，反而害怕改变。而通常让人下定决心开始改变的关键驱动力，并不是追求美好，相反，是逃离痛苦。

如果你觉得，现在的小日子过得还凑合，虽然也会畅想一些更好的生活，但缺乏立刻改变的动力，那一定是因为你的生活还不够痛苦。

很多名人的成功故事都会描述他们以前有多痛苦，这些痛苦激发了他们的改变，让他们最后获得了成功。如果你想过更好的生活，可以尝试找出一些让自己很痛苦的点，或是尝试假想一些可能会让你感到痛苦的场景，去促使自己改变。

就像这个岛上的渔夫一样，想象一下如果自己的生活被突如其来的变动彻底打乱，你能做什么选择？

比如家人生病的时候，迫于经济压力，无法选择更好的药或是更优的治疗方式，你会不会感到痛苦？

又比如，假设你老公出轨，如果你没钱，即使指责丈夫，也可能被丈夫埋怨不赚钱养家还管这么多；想潇洒离去，却又没有独立开始新生活的经济能力，你会不会感到痛苦？

如果没有钱，就无法逃离这样的痛苦。

我有个朋友，在北京的一家外企工作，日子过得还算不错。除去房租，剩下的钱也能让自己活得很好，比如周末约朋友吃吃喝喝、做做美甲做做SPA、学个烘焙搞个插花，小日子过得还挺滋润。直到有一天，公司要派她去某三线城市做一个项目，需要驻扎3年的时间。我朋友一听就不乐意了，过惯了滋润的都市丽人生活，完全不想挪窝。但工作安排，哪轮得到你说不呢？朋友一气之下想离职，却发现自己的银行存款不到五位数，如果离职，很快就会连房租都付不起。她忍不住后悔，早知道会遇到这种事，当时就应该少点精致的消费、多存点钱，给自己留一条退路。

生活中不可预料的意外太多，有钱，就多一个投资选择，多一分安全感。有时候没钱，就没有说“不”的底气。

就如同那句老话所说，钱不能解决一切问题，但绝对可以解决绝大部分的问题。

问你一个问题：你存有应对突发事件的钱吗？

这笔钱可以让你在紧急情况下解除燃眉之急，当你面对诱惑或者苛责时，可以尊重内心的选择，不被金钱胁迫去做违背自我意愿的事情。

因为只有勇敢对你不想要的生活说“不”，你才能慢慢离你想要的生活越来越近。

因此，无论你现在从事什么样的工作，有着什么样的兴趣，理财都可以成为你坚实的后盾。

学会理财，可以让我们自由掌控自己的工作和生活，而不只是漫无目的地为生活而奔波。

现在请你静下心来想一想，你要财富自由，想开始投资理财，是为了什么？你与金钱的关系又是怎样的？赚钱背后，你想要的到底是什么？你觉得要赚多少钱才算财富自由？

其实这些问题在不同的人生阶段有不同的答案。对钱的安全感，也和实际拥有的金钱数额没有必然联系，只和当下自己的人格与心境相关。

投资大师查理·芒格曾说："走到人生某一阶段时，我决心要成为一个富有之人，这并不是因为爱钱的缘故，而是为了追求那种独立自主的感觉。我喜欢能够自由地说出自己的想法，而不是被他人的意见左右。"

我一直以来都坚信，追求财富自由，并不是要变得多么有钱，或是要穿金戴银、挥金如土。金钱更大的价值，是带给我们拒绝的勇气，和自由选择的能力。

2. 被金钱捆绑的精致生活

我刚研究生毕业的时候，在硅谷的一家小公司开始了人生中的第一份工作。虽然公司业务是我完全不感兴趣的电脑硬件，但毕竟公司愿意为我办理工作签证，这是当时的我要留在美国最需要的东西。加州的天气四季如春，我又交了很多朋友，我感觉自己似乎在渐渐拥有曾经憧憬的一切。

和大部分年轻人一样，我的家庭并没有给我经济压力，刚刚实现经济独立的我也没有特别需要存钱去完成的目标，所以我没有任何存款，在花钱时也完全不会记账，觉得学会享受生活、活在当下最重要。

刚从学生成为白领，我就忙不迭跟随潮流，完成了自己的消费升级：口红两三只根本不够，一周七天的衣服绝对不能重样，午餐要吃都市白领必备、昂贵但健康的轻食沙拉，公司附近的高级健身房、瑜伽工作室会员卡也绝不能少，看到喜欢的衣服就买，听到有名气的餐厅就要去尝试，一放假就想出去旅游，以及开始不眨眼地买名牌包包鞋子……

我在学生时代没怎么接触过奢侈品，但经常看到留学圈里的有钱学生换着不同的包，心里一直痒痒的。在女孩的生活环境里，通常只要有三五女孩成群的地方，就会出现小范围的互相比较，并催生出嫉妒心和攀比心，看到身边的人拥有，自己也忍不住想要。我那时刚好开始工作，自己赚了点钱，就会花很多钱买这买那，也不管适不适合自己，觉得自己挣的钱必须得换成等价的东西穿在身上才行，不然对不起我在工作上付出的辛苦和委屈。大概大部分年轻人的人生都会经历这么一个阶段，因为曾经缺乏，所以会格外渴求物质上的满足，却从来没有意识到，自己当时正拥有着一生中最宝贵的时光，而这一切可能随时会失去。

事实是，这世界上总有人比你厉害，比你漂亮，比你拥有更多华丽的包包和鞋子。为了攀比而购物，是没有尽头的。

但当时的我完全没有意识到这一点。

我记得自己花了很多时间思考领到的第一笔工资要用来做些什么。更确切地说，是买些什么。即使愿望清单已经被填得满满当当，我依然趁着上班“摸鱼”疯狂刷着各种购物网站，乐此不疲。拿到支票后，我直奔商场，用人生中第一笔正儿八经的工资买了从学生时期就很向往的 Celine 秋千包——当然，第一笔工资根本不够我买这个包，我是刷的信用卡。

我拍了很多照片发在社交平台上：看，我用自己赚到的钱买到的第一个名牌包！似乎达成了什么天大的成就。我妈数落我：才赚这么点钱就买这么贵的东西，也不知道存钱。我不以为然，心想，张爱玲的第一笔稿费，不也是被她拿去买了一支当时正风靡的丹琪唇膏嘛。自己挣的钱，就必须得换成等价的东西穿在身上才行。

但是，背了几天之后，新鲜劲儿过去，这个比我一个月工资还贵的包，不过也就和我以往拥有过的任何一个包一样，背起来感觉好像也并没什么了。

我还花一万多买过某奢侈品牌的当季热门包，刷卡时别提有多痛快了，结果买回来几天之后，发现颜色太浅、肩带太细、小羊皮又特别娇嫩，对于我这种粗人来说根本不适合。于是，背了两三次之后就被我藏在柜子里积灰。一年之后，我决定把它当闲置物处理掉，结果被二手交易平台上的价格给惊到了——一年的时间，这款包已经从热门 IT 包变成了烂大街的街包，最后我卖出的成交价格不到原价的一半。

现在盘点起来，刚工作那会儿买的几个大贵包，都是背了两三回之后就被藏在柜子里积灰。买过再多包，平时背得最多的还是那一两个经典款，穿啥衣服搭配起来都很协调，甚至绝大部分时候只要背个帆布袋子就觉得很舒服。想想被我花掉的这些钱，本可以做好多其他更有意义的事情，就后知后觉地心疼。

可能很多东西没有的时候憧憬得要命，可有了以后就真的不觉得有什么了。

后来我看了一个 TED 演讲，演讲主题叫《诚实面对自己的金钱问题》，来自美国著名的理财师塔米·拉莉。她提出了“金钱羞耻”的概念：“人们总是相信我们的银行余额，等于自我价值。”简言之，就是把自我价值等同于向外界展示财力的价值，把“精致生活”等同于“金钱生活”。

在这种观念的影响下，我们不计一切代价向别人展示自己吃的、穿的、用的都是名牌，想让自己看起来很棒。

这让我想到自己把买来的名牌包包晒在朋友圈，其实我想传达的并不是“我买了一个包”，而是想借此告诉大家，“看，我有购买奢侈品的经济实力”。即使这个包花去我一个月的工资，还要刷信用卡额度，但是虚荣心得到满足的那一刻，觉得什么都值得了。

可是，我明明只能承担起几千块钱的生活，却要不断向别人暗示自己已经走上了可以随意消费几万甚至几十万元物品的人生巅峰，万一哪天摔下来，岂不是会跌得很惨？我在朋友圈里伪装的“精致生活”，其实并不是真正的精致，而是物质堆砌、被信用卡账单追赶、被金钱捆绑的生活。

我们常常一打开手机，就看到“网红”们拼命炫耀着她们穿的漂亮衣服，喝着下午茶，吃着大餐，去好多地方“打卡”，于是自己也想要，被不断洗脑。但是真的花钱做了这些事，拍了照片发了朋友圈后，都有谁在看？这些事情可以增加你的收入，还是让你成长？

到底是自己真正过得舒适重要，还是活成别人眼中精致的样子重要？如果用不起名牌化妆品、名牌包，难道这个人就没有价值？我的自我价值，为什么就一定要和这些物质上的东西捆绑在一起？

更不用说，在这个物质过剩的时代，拥有所谓的昂贵物品，其实早已渐渐失去了炫耀的价值。

20 世纪八九十年代，如果家里有台彩电、有台电脑，是非常值得炫耀的事，恨不得昭告全天下；10 年前，拥有一个 LV 的包包也一样，每天都要背出去，接受人们羡慕的眼光。但是，随着社会经济发展，人们的价值观变得更加多样化，很少再有以前那种人人称羡的物品了。你会发现，尽管你用花了大价钱买来的东西装饰自己、让别人觉得你过得很好，但其实根本没人在意。

“拥有这件物品，我就是精致的优秀女性”“拥有某件东西就能被羡慕”，这种庸俗的消费理念，其实已经过时了。

社会学家李银河曾说：“精致的生活首先是清醒的，不是懵懂的；其次是平和的，不是不安的；最后是喜乐的，不是痛苦的。”

精致不是浮于表面，依靠物质来体现自己，而是从内心真正认识自己，意识到自身的价值和存在。

只有抛弃掉煽动着贪婪和嫉妒的金钱羞耻，我们才能够放下物质对我们的束缚和金钱对我们的捆绑，过上真正自由的生活。

3. 涨薪等于变富吗

我属于比较幸运的小孩，出生在中产家庭，从小到大没怎么为钱烦恼过，也有机会出国读书，看看这个世界，体验不同的文化。但同时，和大部分国内长大的小孩一样，我也并没有接受过太多关于金钱方面的教育。

小时候爸妈会告诉我：钱的事情你不用管，你的任务就是好好学习，考个好学校，找份好工作，你就会赚到钱，拥有好生活，至少是安稳的生活。

于是，认真学习、努力工作就能赚到钱，便是我对于金钱的全部认识。我从来没想过为什么要这么做，也从没有人告诉过我什么是投资，对财富的概念也并不明确。我理解的收入，就是直接和工资画等号。

我从硅谷回国后找的第一份工作，月薪 3 万，我简直开心到飞起，觉得自己一跃成了有钱人，生活质量也跟着大幅提高。我开始租高级公寓，购物只去进口超市，几乎每顿饭都在外面吃，办美容卡、美甲卡、SPA 卡、健身卡，买了一个又一个奢侈品包……

正所谓“由俭入奢易，由奢入俭难”。为了匹配自己日益增长的美好生活需求，我意识到自己需要更努力工作，赚更多钱，过更好的生活。

于是，我开始拼命加班。每天晚上12点后回家、周六日也要去公司成为常态，生活被工作填满，也导致了我拿到工资之后就想要更疯狂地消费，拼命犒劳自己。虽然赚得不少，信心满满，以为自己正走在升职加薪的致富大道上，其实根本没存下太多钱。

一次，一位刚生完小孩儿的同事跟我抱怨，在北京的私立医院生个孩子要花10万元，去月子中心住两个月需要10万元，想让孩子上国际幼儿园要20万元，国际学校更不用说，每年20—30万元起步的学费根本拦不住家长们挤破头想把孩子送进去；每月还有好几万的房贷、车贷、保险费，孩子的早教班、兴趣班的费用也得筹备起来了……她压力很大，于是生完孩子赶紧回来上班，很怕时间长了自己手头的项目被人抢走、饭碗受到威胁，那可就陷入家庭财务危机了。

在那之前，我是个从不关注理财、财商为零的人。我觉得自己有一份不错的工作，有一小笔存款，每月收入不错，于是去超市购物从来不看价格，也从来不记自己的开销，多年的文艺情结让我觉得谈钱太俗了。虽然我知道在国内一线城市生存压力很大，但当时生活质量还不错的我，还没想过买房，更没有想过生孩子，也从来没有仔细计算过这个所谓的"压力"到底意味着多少钱。

因此，当同事把这一个个具体项目罗列出来，我有点傻眼了，我发现我的存款还不够买下北京的一个厕所，也头一次对于北上广的生活成本有了更具象、更长远的认识，突然就有了危机感。

在如此高额的生活成本压力下，似乎再高薪的工作，也离财富自由很遥远，那么努力工作的意义到底是什么呢？从小到大老师和爸妈告诉我，我也一直深信不疑的"好好学习，考个好学校，找份好工作，赚到很多钱”的逻辑闭环，在我的内心开始动摇。

作为一个文艺女青年，我并不是精英文化的追随者，也从没计划过这辈子要赚够多少钱，爬到怎样的职位，但终归对人生还是有一些憧憬的，比如想要人生经历更丰富，希望生活更自由，做一点对社会有意义的事，寻找商业跟公益之间的平衡点等。

我总是很天真地想，等我赚够多少钱，我就不干了，然后就去做自己想做的事情。但我想做的事情到底是什么？我从没有具体地想过。因为不知道我想要什么，这个不确定才会带来恐惧，“赚够多少钱”的数额，也会随之无限增长。

如果只是为了钱而工作，赚得越多，花得越多，时间也越不自由，那我什么时候才能知道自己喜欢做什么，去尝试体验不一样的生活呢？

有一次，我在书店里闲逛时读到了一本叫《富爸爸穷爸爸》的书，这本书讲述的是：作者有两个爸爸，一个是他的亲生父亲，一个拥有高学历的政府官员，被他称为“穷爸爸”；另一个是他好朋友的父亲，一个高中都没毕业却非常善于投资理财的企业家，被他称为“富爸爸”。作者一边走着“穷爸爸”为他设计的人生道路，上大学，服兵役，参加越战……一边跟随“富爸爸”的建议，不断学习赚钱之道。年轻时的他也一直在纠结：到底应该听哪个爸爸的话？

直到 1977 年，两个爸爸遭遇了截然不同的人生境遇：辛劳一生的“穷爸爸”失业了，生活一片困顿；而“富爸爸”则成了夏威夷最富有的人之一。

看到这本书时，我仿佛被当头一棒敲醒：安于现状往往经不起突然变故的重击。

不知道你小时候有没有养过宠物仓鼠？即使没有，应该也在宠物店里或电视里看到过：仓鼠的笼子里总是有一个轮子，它们会在轮子上拼命奔跑。小时候我总看着飞快跑着的仓鼠，问爸妈，它为什么要在轮子上一直跑呀？它不累吗？我爸妈总是随口回答我："因为它是老鼠呀，老鼠都这样。"

可老鼠即使跑得再快，也无法摆脱这个轮子。并且，它并不会意识到自己被困在了一个轮子里，因为其他老鼠也这样。它或许会觉得，在轮子上拼命奔跑，就是老鼠该做的事。正如我们大部分人的生活状态一样：拿到工资后就开始消费，买房、买车、买奢侈品、还信用卡，然后付出更多青春和精力，升职加薪，再开始新一轮的消费升级，买更大的车、更大的房、更多的奢侈品以及随之而来的更多的信用卡账单……

就好像老鼠一样，我们永远无法摆脱忙碌的生活现状，永远为钱奔波，为生活焦虑，也从未想过为什么要这样，反正周围的其他人也都这样。而一旦他们停止工作，收入就会立刻归零。因此大部分人和老鼠一样，在人生赛道上拼命奔跑，即使跑得再累，看不到尽头，也不敢停下来，一直在这个"赛道"上无限循环。

换言之，很多人的高薪是用大量的时间和专业技能换来的，赚得越多付出越多，一旦停下来，生活就没了保障。如果一直在这个"老鼠赛跑"的怪圈里努力，月薪再高，也摆脱不了穷忙的命运。

我和我身边的大部分人，其实都是沿着作者所谓的"穷爸爸"设定的路径，一路做优等生，拿到一份社会很认可的学历，找一份光鲜的职业，赚一份不错的薪水。这份收入是对我们曾经在学业中付出的辛劳的回报。

虽然拿到了工作的报酬，但生活开销也相应提高，慢慢发现工作的报酬已经不能满足我们的开销，便想努力精进业务、升职加薪，接着发现工资再怎么加也就那么点儿，依然买不起房子养不起孩子。于是我们开始抱怨，觉得自己的付出没有得到应有的回报，直到忍无可忍的时候和老板提出辞职，然后休整一段时间，寻找另一份收入更高的工作，然后以更高的开支，重复这种循环。

我们大多数人每天的状态是起床—上班—消费，可能有些人会在其中增加不同的活动，例如健身、阅读、旅行、购物……看似丰富精彩，但本质并没有任何改变，依然在无限次地重复同样的每一天。如果我们有了下一代，可能也会一样告诉他们：你们要好好学习，获得比自己更高的学历，找到工资高的好工作，去当律师、医生，或者去商学院读 MBA，去过一个好的人生。

我们虽然都希望孩子能够成为富人，但却无法教给他们任何方法。哲学家康德曾说："父母在教育孩子时，通常只是让他们适应当前的世界——即使它是个堕落的世界。"

什么样的人生才有意义？是不是钱越多，人生价值越大？大部分的家长从不和孩子讨论这些问题，只是让他们看到眼前的利益。于是我们的下一代，很可能依然受限在一个小小的轮子里，拼命而无力地奔跑着。

而与"老鼠赛跑"相反的，是另一种生活方式，《富爸爸穷爸爸》书里称之为"人生快车道"。

在"人生快车道"上的人不怕失业，因为他们不单纯靠工资吃饭。即使他们不工作、不上班，也能有收入。他们拥有选择的自由，可以更加从容不迫地生活。

富人不会像穷人和学校一样教孩子，而是让孩子从生活中学会思考，从不断的体验和尝试中获得热情，鼓励自己的孩子也成为富人。富人知道商学院培养的只不过是精于计算的人，而不是拥有财富思维的人，这就是为什么很多拥有 MBA 学位的人大多都是公司的中高层管理者，而不是公司和财富的所有者。富人往往会利用这些高学历的人，为自己创造更多的财富。

因此，穷人越来越穷，富人越来越富。

穷人和富人最大的差别并不是他们拥有的钱的多少，而是他们思维方式的不同。富人思维和穷人思维的根本区别在于：前者把钱当作工具，后者把钱当成目的。把钱当工具，你就是钱的主人；把钱当目的，你则会一直被钱绑架。

不想一辈子做穷人，第一件事，就是要扭转观念，想办法让自己从“老鼠赛跑”的陷阱里走出来。

4. 你的工资，正在拖垮你

在《富爸爸穷爸爸》这本书中，作者把那些终身靠工资生活的人称为“天真的人”。因为从他们的努力工作、拼命加班中获得最大好处的，并不是他们自己，而是他们的老板。

整天忙于工作的人，脑子里想的永远都是我要把公司的事情做完，我要加薪，我要升职，我要跳槽，我要获得更高的劳动报酬！

从一份工作到另一份工作，从给这个老板干活到给那个老板干活。如果有一天，他们不能干活了，失去工作了，生活就会立刻失去保障、陷入危机，就和开头提到的渔夫一样。

我在误打误撞走上创业道路之后，我的投资人问我：“你打算给自己开多少钱的工资？”我脑海里正盘算着自己上一份工作月薪是几万，如何在合理的范围内给出一个更大的数字，还没等我回答，他继续说：“我投资的创业者给自己的月薪基本没有超过 1.5 万的，工资满足基本生活就行，它不是你想要的收入来源，从现在开始你要用更大的格局、站在更高的地方去看待财富这件事。”

当时的我似懂非懂，只是觉得有点羞愧。后来过了很多年，我才真正理解了他这番话。

前段时间，美国税务局做了一个研究统计，拆解了美国富人们的大部分收入来源。平均来说，美国富人们的收入有 8.6% 来源于工作收入，6.6% 来源于利息，13% 来源于分红，19.9% 来源于各种合作、合伙关系，还有 45.5% 来源于资产升值。

换句话说，有钱人们的大部分收入来源于投资，而不是工资。

想一下身边真正的有钱人，你会发现，没有哪一个是只靠着工作收入发财致富的。穷人和中产阶级辛苦努力的工作收入，在富人看来，不过是虽然稳定但相对较低的一种收入而已。为什么？

第一，因为工作收入是交税最多的一种收入。

我回国工作的第一个月，扳着指头数日子，终于等到了发薪日。工资发下来，我有点吃惊。说好的 3 万工资，怎么到手只有 2 万出头？仔细一看工资条，才发现交了一定比例的个人所得税。

后来我自己创业，同样面临交税的问题，我才发现相比工作收入，经营企业的分红甚至投资股票的收入，虽然也都要交税，但税率比个人所得税低很多。

如果不是自己创业、经营公司，我也和很多人一样，完全没想过原来除了税率不同，个人工作收入和企业收入还有一个本质区别，那就是交税的顺序不一样。

第二，高收入源于手握更高知识的技能。

马克思的《资本论》，我们上学时都学过，也知道什么叫剩余价值：资本家通过支付给劳动者远低于一般劳动的实际价值，来剥削劳动者的剩余价值。但这个理论的实际意义，我想可能很多人一辈子都没能明白。

大部分人都是站在劳动者的角度来看待财富，只要每个月能拿到与自己预期一致的薪水就满足了。但如果换一个视角，站在公司经营的角度来看，劳动者付出的劳动和创造的价值永远都得高于其获得的实际报酬才行。如果雇佣你不能为公司带来比你实际工资更高的价值，公司为什么还要雇佣你?

即使是那些我们认为高薪的职业，例如律师、医生、程序员等，他们的高收入来源于他们所具备的获得门槛更高的知识技能，但实际上，这份高收入相对于他们的付出、创造的价值，依然是低的。他们领的是固定的薪水加上可有可无的奖金，最终赚钱的，仍是他们背后的律所、医院、科技公司。

这个世界上有很多聪明人，但是他们并不富有。

因为学校是培养专业技能、文化素养和优秀“打工人”的地方，如果想成为决策者、领导者、企业主，只依靠专业能力是不够的，还需要经验、眼光和格局。

打个简单的比方。很多人都觉得自己做的咖啡比星巴克的好喝，但咖啡再好喝，也不可能卖得过星巴克。做一杯好的咖啡，和做一家成功的企业，需要的技能和思维都不一样。

我们刻苦学习专业技能、在公司获得更高的成就和职位，最终结果，不过就是为老板创造更大的利润罢了。

第三，因为工作收入本质是你用时间和劳动获得的收入，一旦停止劳动，你的收入将立刻归零。

《资本论》中说道，在资本主义生产过程中，社会分裂成了两个对立的阶级，一个阶级除了自己的劳动力，没有别的用来谋生的手段。这个阶级有人身自由，用马克思的话说是“自由得一无所有”，成为靠出卖劳动力为生的工人阶级。另一个阶级掌握了生产资料，称为资产阶级。

因为社会的进步，我们中的大部分人都不用再像以前的工人那样辛苦地在工厂劳作，而得以在高级写字楼里喝着咖啡、吹着空调、在不错的环境中工作，于是我们总以为，自己早已告别了贫穷，成为中产阶级。

但实际上，穷人和中产阶级，依然都是“自由得一无所有”。靠贩卖时间和劳力作为唯一收入来源的，就属于边际成本的最底层。

从年薪 10 万到年薪 100 万，收入虽然增加了，但这个收入的性质并没有变化，依然是低于自己所创造的价值。一旦公司或经济不景气，这份收入瞬间就会变得不稳定。

大多数没有勇气去改变的人，会一直这么安慰自己：这年头，有份工作都不错啦，况且工作状况会随时间而有所改善，工资也会随之增长的。

按部就班的工作不能让你过上富裕的生活，日复一日的工作也不能产生财富。在有危机意识的人看来，工作不是为了钱，而是为了提升自己，为将来的事业打基础。

5. 你拥有的是工作，还是事业

很多人以为拥有了一份工作，就等于有了一份事业。殊不知，事业和工作的差别其实很大。

我有个做律师的朋友，专门帮大企业解决劳务纠纷，每次他替客户公司裁员时，都会先拿高薪的高管“开刀”，因为这样一来可以立刻省去一笔不小的成本支出。

事业是自己的，你为了自己劳动，为自己赚钱，你是拥有者，拥有主动权；而工作是别人提供给你的，你给别人干活，别人给你钱，你是劳动者，选择权在别人手上，随时可能被收回，你只能被动接受。

事业拼的是资产，需要的是长远的目光；工作拼的是劳动和时间，看的是眼下的实际收入。

从工作到事业，就是量变到质变的过程。

经常看到应届毕业生在网上提问，拿到了两个不同的工作offer，应该选哪个？很多人都会说，当然选钱多的那个！但其实，刚工作的头几年，真的不用太看重工作收入。因为这个阶段你的经验、人脉、资源和各方面的能力都处在起步阶段，无论你再怎么努力，也不太可能实现质变。那么就不如先做好为质变做基础的量变，而量的大小也没有那么重要了，更重要的是带来质变的潜力。

我觉得毕业头几年的工作时期，赚的都是零花钱，多点少点真的没啥差别。真正的财富，需要你做出自己的事业，创造不可或缺的价值，完成质变才能获得。

打个比方，一份月薪1万元的安全职业（例如教师或公务员），和一份月薪5000元的高潜力工作（比如一份可以加入某高速成长期的创业公司、跟随某个行业内有声望的领导的工作），毋庸置疑后者的质变潜力更大。

安全感要靠自己给。你可能会觉得，进入创业公司也一样朝不保夕，说不定哪天公司黄了人去楼空，但是你从中获得的这份工作历练和经验是增值的，这是自己给自己的安全感。

当然，我并不是说每一个人都要去创立公司并把公司做上市，也不是盲目鼓励大家现在就立刻辞职、告别你的工作。除非你生来就是“富二代”，大部分人的人生都要经历为别人工作、领死工资这个阶段，但不同的是，有的人会一直停留在这个阶段，而有的人会在这个阶段完成自己的观念转变和财富基础的积累，将工作作为一个桥梁，慢慢走向事业。

有一本书叫《优秀的绵羊》，作者威廉·德雷谢维奇教授辞去了耶鲁大学的终身教职，因为他看透所谓的“精英教育”，不过是给学生们贴上一个标签，套入了一个故步自封的狭隘框架。他认为所谓的名校、常青藤大学不过是“失去了灵魂的地方”：“这些学生大多对律师、医生、金融和咨询以外的工作不感兴趣，即使他们将来的职业生涯光鲜亮丽，但也只是一群优秀的绵羊。”

要想跳出工作拥有自己的事业，必须首先关注你自己，你的核心能力、核心资产是什么？以及最重要的，你的兴趣是什么？

事业来源于兴趣。做好一件事需要精力、激情和热切的愿望，再加上持之以恒的决心和耐心，要做到这些，兴趣才是起点。事业可以有很多种表现形式，一个自由作家和一个企业家一样都拥有事业——他们的共同点就是为了自己而工作，掌控人生的主动选择权。

我在学生时期听过一篇演讲，里面有一句话到现在我才悟出它的真谛：Follow your passion, and money will follow you。中文意思是跟随你的热情，钱自然会跟随你。

我相信每一个人，都一定有某些过人之处，只不过绝大部分人都没有发现而已。那么，怎么找到自己的兴趣所在呢？你不妨先想想什么事情是自己最喜欢的、最愿意花费时间精力的。

兴趣和特长是相辅相成的，你也可以在工作中逐步挖掘自己的兴趣。在工作过程中，一方面积累人脉经验资源，为质变做基础；另一方面，关注自己的兴趣和擅长的事。

当然，工作仍然是大部分人的人生中不可避免的阶段，尤其是刚步入职场，努力工作是必不可少的一步。但是从现在开始，你需要意识到工作与事业的不同，开始有意识地培养自己承担风险的能力，寻求更多的可能性，尝试发展真正属于自己的事业，而不是总贪图眼前的稳定。

很多人在得到一些建议后，第一反应都是“我做不了这件事”，这实际上是自己给自己设限。不如把“做不了”换成“我怎么才能做成这个”，做一个积极的思考者和行动者。当你提前思考你老板才会思考的问题时，你就离成为老板更近了一步。

所以，当你在工作时，多花点时间寻找那些真正吸引自己的事情，而不是只想着获得更高的薪资。找到自己的兴趣，你就会进入一个全新的世界。

第二章

赚钱之前，先学会花钱

1. 你真的需要那么多东西吗

我大学的时候，得到学校的一个出国交换机会，去澳大利亚墨尔本交换学习一学期。虽然是短短的一个学期、4个月的交换学习，我却收拾出了满满两大箱的行李，一箱托运、一箱登机，到了当地，费了九牛二虎之力才拖到我提前租好的公寓。我的室友是一个和我同龄的法国女生，和我在同一个学校学习，她下楼来接我的时候脸上写满震惊："你是交换一学期吧？这行李也太多了点儿？"

因为是通过学校申请的交换学习，不仅不用交学费，每个月还有一定金额的生活补助。再加上爸妈给的零花钱，我自己还找了一份餐厅服务员的兼职工作，所以我当时手上的钱远远超过一个学生的生活必须。虽然离奢侈生活还有很远的距离，但我基本可以不心疼地买下一些心怡很久的护肤品、化妆品，还有乱七八糟的快时尚衣服——尤其是国外的这些东西，比国内便宜好多。后来我看到有个作家说过，当一个不那么贫穷的女学生，真是世界上最幸福的事了——用来形容当时的我，再贴切不过。

4个月之后，我结束了一学期的交换学习准备回国时，发现我带来的两个行李箱根本就装不下我的东西。我自己也很惊讶——怎么知识没学多少，衣服和化妆品却飞速增加？

我匆匆跑去超市又扛了一个大箱子回家，在室友的帮忙下终于把我的家当都塞了进去，第二天到机场却被告知：行李严重超重，需要支付几千澳币的托运费。机场工作人员看看我的箱子，告诉我离起飞还有一个小时，我可以选择现在清理行李，把不必要的东西扔掉。

我当时就傻眼了。扔掉？我内心是拒绝的，里面的每件衣服、每支口红都是我的心爱之物，之后不一定能再买到一样的。但是这托运费比机票还贵，肯定也是付不起的。那怎么办？

纠结半天，我想也确实没有别的办法了，于是在人来人往的机场，打开箱子，摊开一地的行李，开始收拾。

蓝色小礼服裙，是我为了学校的派对活动特意买的，只穿过一次，但回国穿的机会又很少，早知道就不买，找朋友借一条了。没办法，只能咬牙扔掉。

在某家精品店买的小皮靴，好看也不贵，但是穿起来有点磨脚，算了，还是扔了吧。

黑白条纹毛衣，忘了哪次逛商场打折买的，想一想好像类似的衣服我有很多，也扔了吧。

……

半小时的时间，我就清空了一整个行李箱，机场工作人员也帮我把衣物送去了二手衣物回收站。

收拾行李的时候，哪件都舍不得扔，恨不得把我在墨尔本的整个公寓都搬回国。但是当行李空间有限、被迫清理时，我才发现，其实很多东西都能找到不买或是不需要的理由。

我在印度学瑜伽的时候，有一次哲学课的话题是关于欲望和需求。

这个世界上有三类人，第一类是 comfortably uncomfortable，

第一个词“舒服（comfortably）”是指物质上的富足，第二个词“不舒服（uncomfortable）”是指精神上的不快乐；第二类是 uncomfortably comfortable，例如很多印度的圣人，虽然过着流浪的生活，物质上非常窘迫，但精神上却十分富足快乐。

我们所追求达到的，也就是介于两者之间的第三类，一种平衡的理想状态——comfortably comfortable，不仅仅是物质满足，更重要的是精神富足。

物质上的满足，其实很容易达到，因为我们身体真正需要的东西很少，吃饱穿暖，你就已经获得了基本的满足。大部分我们以为的需求，并不是生理上的需求，而是心理上的需求，也就是欲望。

人都是有欲望的，因为欲望和贪婪，所以要赚钱满足物欲，胃口会越来越大，想要的会越来越多，人性使然。

学会如何区分需求和欲望，是战胜欲望的第一步。

你需要一个包和你想要一个包，有本质上的区别。

因为工作需要，有一两个拿得出手、板型好的包包，是合理的，也可以慢慢买。这是你需要的东西，是需求。

看到别人有名牌包，即使完全超出自己的能力范围，也依然希望拥有，这是你想要的东西，是欲望。

需求是可以被满足的，欲望却无止境。

欲望在某种程度上会给人动力，促进人成长。“想过更好的生活”“想买现在买不起的东西”“想住更大的房子”“想遇见更好的人”……正是有了这些欲望，我们才能有动力不断向前。

但是在金钱上，这种欲望是没有尽头的。

10 年前我上大学的时候，听到某某学姐找到了月薪 1 万的工作，觉得太羡慕了，忍不住想象，如果自己能每月赚 1 万，小日子该有多滋润；等到我开始工作之后，才知道房租、生活费成本原来那么高，如果问我一个月挣多少钱觉得满足，我会觉得 1 万太少，要是能赚 2 万就好了；而当我拿到月薪 3 万的收入时，再面对同样的问题，我依然不会回答“现在的收入已经很好了”，而是会继续给出一个更高的数额。

有了 1 万元，想要 10 万元，有了 10 万元，想要 100 万元，有了 100 万元还会想要更多……

对于我们来说，那些名牌包包、口红香水、限量版的球鞋……就是我们永无止境的欲望。它们一刻不停地诱惑着我们，把我们带向一个并不属于我们的远方。主播们在直播间里大喊着“买它！买它！”，电商广告促销告诉你“精致女人应该过怎样的生活”，电视节目里那些闪闪发光的画面也不断给你洗脑。我们买回来喜欢的衣服包包鞋子，但很快就看上了别的款式，东西还没用几次就被束之高阁，又赶着为下一次的欲望买单……

其实有太多我们想要的东西，可能根本不是我们真实的需求，甚至都不是我们喜爱的，仅仅是跟风罢了，或者是无聊的产物。

比如疫情时宅在家里这段时间，不少朋友都说无聊时就看直播，跟着买。有时候，我们还会在聊天的时候互相问，“最近买了什么好东西？有什么推荐的吗？”这就是典型的为了买而买罢了，其实我们真实需要的东西并没有那么多。

商家对于女性的物欲营销实在太多了。不开心了，给自己买个礼物吧；开心了，奖励自己买个礼物吧；过节了，给自己送一份礼物吧；加班累了，给自己买个礼物吧……

我们当然可以买，也可以奖励自己，但那更应该是出于我们自己真实的喜欢与需要，而不是因为低价或营销的鼓吹。

要想让自己的精神世界更富足，必须给自己的欲望减负。

就好像《断舍离》这本书中所说，在避免囤积物品的时候，人对物质的欲望也就淡薄了，反过来，精神世界将会变得异常丰富起来。不断购买囤积，家里慢慢变得杂乱不堪，用不上的旧东西堆积在家中的各个角落，环境的杂乱又会引发内心的焦虑，让我们对自己的生活失去控制感。

给物质欲望减负，就是在帮助我们重新获得控制感。

《断舍离》的作者山下英子在一开始，和世界上所有的女人一样，明明有着一柜子的衣服但总觉得自己没衣服穿，所以一直买，导致家里非常混乱，心情也始终无法感到真正的愉悦。一次很偶然的机会，她去一个寺庙里寄宿，有一天，僧人把她一箱子的衣服全都丢到了窗外，然后扔给她两套僧服。对她说，物质放下的过程其实就是清理自身、消除迷惑的过程。这段话给了山下英子很大的启发，让她开始思考如何认清自己的内心，看清楚自己到底想成为什么样的人，过上什么样的生活，让自己真正喜欢上自己。

战胜欲望，过有限度的生活，是致富路上我们都必须学会的一课。很多真正的有钱人其实生活都非常朴素，因为他们知道花钱带来的快乐和满足感终究是有限的，知道如何战胜欲望。比如股神巴菲特，作为世界顶级富豪，至今仍住在他 1958 年花 3 万美元购入的房子里，一住就是半个多世纪。他住的这个房子没有围墙，没有铁门，也没有大院子，与周边邻居的一些别墅比，显不出任何豪华，甚至让人感觉还有些寒酸。

对于我来说，欲望这个东西，在我过了 25 岁以后，慢慢开始变得越来越淡。随着人生阅历越来越丰富、可支配的金钱越来越多，我慢慢感受到自己想要的东西其实在不断变少，但同时也不那么容易得到了。

被欲望占领心智或许是大部分人成长必经的阶段。不一样的是，有些人会逐渐开始意识到物欲带来的快感终究是短暂的，过多的外在物品反而会成为负担，接着才会开始醒悟过来，摆脱诱惑，去寻找那些真正有意义的事，看清眼前的路，找到自己的方向。

就好像我看过的一个幸福法则：少加班 + 少买闪闪发亮的东西 = 幸福的生活。

2. 学会把钱花在看不见的地方

每一个成年人都应该有一个真正属于自己的消费观念体系。所谓消费观，就是什么是自己需要的，什么是不需要的，什么是该买的，什么是不该买的。例如我从不参加“双十一”，也不只为了打折而购物，这就是我的消费观。

这个消费观，不是通过在地铁上刷手机建立起来的。我非常厌恶那种“女人必须有一个 ×××”“你必须拥有的 ×××”的文章标题。我必须拥有什么，当然只有我说了算。外界的声音越嘈杂，你越需要保持清晰的头脑去判断哪些是自己需要的信息。

我也经历过很长的消费观念重塑时期。对比几年前的自己和现在的自己，我在消费观上最大的改变，就是越来越喜欢把钱花在看不见的地方。

以前我立志要做一个“穿金戴银的饿死鬼”，钱不够花没关系，一定花在刀刃上，花在能被人看得到的地方——包包衣服鞋子化妆品，标志性的大 logo……

这也没什么好难堪的，大部分人都会经历这样的阶段，好不容易自己挣钱、有钱花了，下意识地想花在最值的地方。人人都认得的 logo 和一眼就能看出价位的单品，是最快捷最容易让人知道你花了多少钱、挣了多少钱的方式。

但这种肤浅的虚荣，随着年纪和收入的增加，真的需要改变。

有一种说法是，当一件衣物在你身上穿过100小时以上，就可以磨合到让你感觉比较舒服、舒展，穿着的时候才会自信、快乐。这就是为什么我们穿新衣服或是为了某次活动租来衣服穿的时候，总会感觉有点全身不自在，因为还没有和它们磨合到位。

那些能够与你磨合得比较完美的衣物，一定是你非常喜欢且非常适合你的。

早些年我跟风买过很多很多的流行单品，绝大部分都早已经随着回国搬家不知道去哪了。而有一些买的时候需要咬咬牙的东西，搬过多少次家也还在，每一次穿的时候依然小心翼翼，又心满意足。

这几年，我买的衣服越来越少，但也越来越追求那种被穿旧了，却依然愿意去好好维护的昂贵衣物。同一款衣服，我会更愿意为衣服的材质，而不是单纯的品牌溢价买单。因为你穿的衣服的logo是给别人看的，但穿在身上的感受是给自己的。

不知道你们身边有没有那种身材体态气质都很好，披个麻袋都好看的姑娘？我身边就有。

我有个学艺术的朋友，审美特别好。每次见她，她都打扮得很精致，就是我们常说的“高级感”。我以为学艺术的姑娘，平时衣服一定都是买那种特别贵的设计师品牌，所以有一次问她能不能推荐几个品牌给我。没想到她说：“我的衣服都是淘宝、ZARA和优衣库，我还特别会在打折款里挑东西！”

这个答案让我很惊讶，但后来想了想，让她看起来很高级的原因可能并不是那些衣服本身，而是她优美的体态、挺拔的身姿、匀称的体形。于是我改向她请教保持身材的方法，她滔滔不绝打开了话匣：“我很爱游泳，也喜欢攀岩，最近还报了爵士舞的课，反正平时都会运动，另外饮食我也比较注意，不吃高糖分高热量的食物……”

也就是说，她把买昂贵衣服的钱，都花在了能够提升自己气质、改善体形的地方。这样一来，即使是便宜的衣服，也一样能穿出高级感。

此外，为知识版权付费也是我们该做的。

和大多数人一样，我以前也是习惯了去看大把可供使用的免费内容，所以很不愿意为内容付费，宁愿花很多时间去找免费资源，也不愿意充值办个会员。当然也是因为网上的免费资源也多，只要你肯花时间，大多数情况总能找到。

我这个毛病是在去美国之后被治好的。想听歌？想在网上看电影看剧？免费体验结束后，只有付费这一条路。当我体验过高清又快速的奈飞，习惯了用声田听歌，我会觉得他们给我生活带来的价值远远超过我需要支付的那几十美元。省下来的寻找资源的时间，其实都是机会成本，可以用来做更多更有价值的事。

我现在是很多视频平台、内容平台的会员，加起来也不过一个月几十块钱的会员费，却能让我快速找到我需要的内容、想看的电影和电视节目，节省大量时间精力。

这些都是把钱花在看不见的地方，却更有价值的例证。

再比如我的印度瑜伽之行，每次跟人聊天提起我曾经一个人跑去印度待了一个月就为了学瑜伽，都会引起阵阵感叹。我记得瑜伽学校的课程食宿是1600（双人间）~ 1900元（单人间）美元，淡季去印度的机票来回不到4000元人民币，当地的物价大概和中国任何一个农村差不多，一个月加起来的总费用是人民币1万元出头，不过是一个入门奢侈品包的价格。买一个包的快乐或许能持续几个月，而我去印度的这趟特别的旅行中学到的东西、认识的朋友、获得的体验，却会伴随我的一生，这 1 万块，比买一个包值太多。

在健身运动上的消费让自己更健康，在语言学习上的消费让自己看到更大的世界，去旅行去见世面去获得更多真实的体验……在提升自己的实力和过有品质的生活上花别人看不到的钱，这些都是比穿一两件明星同款更能提升你气质内涵的投资，换来的经验能够切切实实留存在我们心里，这些都是别人拿不走的。

这些宝贵的经验和经历，是可以为生命质量加分的，相比于外在的物品，它们的寿命也更长久。

消费观的建立需要很长时间不断地试错、不断地总结，越早意识到消费观的重要性，才能越早进化成价值观上更丰满的人。

3. 告别月光族，开源之前先节流

经常会有人问我，新手该怎么开始理财，投资的第一步是什么？我的答案也一直都很简单，那就是记账，存钱。

如果你挣多少花多少，每个月都没有结余，任你学习再多的投资理财知识，也依旧是“巧妇难为无米之炊”。开源之前，需要先做好节流。

理财的字面意思就是管理好自己的财务。而存钱，则是基础中的基础。

我曾经也是一个月光族，赚得不少但开销太大，根本存不下钱。后来我辞职成为自由职业者，收入一下子减少，这种客观现状的改变使我不得不开始更加正视金钱，正视自己的每一笔花销。而这带来的结果就是，很多不必要的开销都慢慢被我砍掉，每一次花钱都会过脑子，也会有思考，很多钱觉得没必要花就不花。然后我发现，虽然钱花得更少，却过得比以前更快乐了——因为外在物质能带来的快乐极其有限，没有了攀比，就没有了焦虑，节省下来的精力可以放到更重要的地方。不知不觉中，还存下了不少钱，也让我的投资计划变得更加可执行。

在节流的过程中，我发现最有效的是以下几个执行方法：

（1）对抗购买欲的 7 天冷却法

如果你看上一件东西，又有点犹豫，要么觉得价格太贵，要么不知道是不是真的适合自己、真的能派上用场……那么可以把它放到购物车冷却 7 天，7 天之内先不要下单。

如果 7 天过去，你想买这件物品的欲望毫不减弱，那说明这个东西是你真的喜欢或是需要，可以买；如果 7 天之后没有那么强烈地想买了，可能想了想发现自己已经有类似的东西或是本月花销有些超支……那就果断从购物车里删掉。这样一来，可以过滤掉大部分由于冲动而产生的不必要购物和以此带来的各种不健康情绪。

自从我开始执行这个方法之后，7 天后我依然决定下单的物品，大概只有购物车总物品的不到 20%。也就是说，有很多第一眼就看上、非常想拥有的物品，超过八成都在 7 天后，变成了没那么必要的东西。

英语口语里有句话叫“sleep on it”，当你有个决定一直做不下去的时候，可以先别急着做决定，先睡一觉，第二天起床再说。这实际上是给自己设置一个缓冲期，防止做出冲动的决定。消费也是一样。

或许因为人天生就喜欢占有，当你喜欢一个东西，会想立刻把它据为己有；当你喜欢上一个人，也会想把他一直留在身边，所以才会出现头脑发热的“热恋期”。但当这种“想拥有”的冲动过去之后，冷静下来，你也许会觉得自己并没有那么想要这些东西或是没有那么喜欢这个人。

如果要你立刻放弃自己看上的物品，可能有点难度，但设置一个缓冲期，就可以避免冲动购物引发的浪费，从而省下许多钱。

（2）像经营一个公司一样运营自己的账户

我们很多情况下存不下钱，是因为手上一有钱，就忍不住想花。原本没有花钱的计划，但朋友一约你去网红点打卡，一看自己账上还有钱，就乐呵呵地去了；或是陪朋友逛街，原本自己没有购物的打算，结果看上两件衣服，朋友一个劲儿怂恿，一看账户钱还够，果断刷卡吧。

而最好的节流方法，就是让自己手上没那么多闲钱。

一个有意思的方法就是把自己当成一家公司去经营，目的是要让自己的整体资源与能力得到提升，并且稳定地将资源适度分配到各个部门，也就是各个账户。

我从有意识开始存钱开始，就把自己的账户分成了很多个，分得也很细。我们大部分人都有很多个银行账户，再加上微信、支付宝，就更多了。我们可以把这些账户按照不同的用途，并且按照优先级分门别类。

我的账户大致分成了以下几个：生活账户、自我成长账户、财富自由账户，还有休闲娱乐账户。它们的优先级也不同。

优先级最高的是生活账户，主要就是应付日常开销，维持生活所需的最低限度的必要消费。首先，计算出你每月的必要支出，例如房租、水电、交通……然后根据这个支出数额，把生活账户里的钱固定下来。每月拿到工资的第一件事，就是先拿出固定金额放进生活账户里，这样一来，这个账户里的钱有限，自然也就没那么多乱花的机会了。记账的重点其实就是如何好好分配自己的钱，不然你赚再多，也留不住。

在除去基本开销之后，从生活账户里省下来的钱，优先进入自我成长账户和财富自由账户。

自我成长账户里的钱主要用于投资自己，为了自己今后能更好地成长，例如购买书籍、课程……我在这个账户里放的钱是绝对不手软的，因为它们也会为我将来的开源做准备。另一个账户就是财富自由账户。我给它起了个比较好听的名字，但实际上就是用来做各类投资，例如买基金、买股票。这个账户和自我成长的账户可以结合起来用，一个用于学习理论，一个用于实践。我也会为这两个账户分配一个固定的资金比例，例如除去生活开销后，剩余的至少 50%，需要进入到这两个账户里。

最后才是休闲娱乐的账户。到这里，我的大部分收入已经用于日常开销和投资成长，结余已经不多了，自然也能从客观上遏制住自己不停想花钱的念头。

对于这四个账户，推荐大家以 4∶3∶2∶1 的比例来分配自己的收入，其中生活开销占总收入的 40%、学习和成长占 30%、存款和投资占 20%、休闲娱乐占 10%。

这个方法也要求你对自己的开支有清晰的认知，知道每笔钱都花在了哪里、是什么目的的花费。因此，我建议大家一定要记账。你只有把每一笔花费都记录下来，才能知道自己的钱到底花到哪里去了。月底复盘，了解自己每月的支出，星巴克喝了几杯？衣服买了几件？哪些是不该花的钱？……

维持社会生活所需要的最基本的必要支出，应该算作一般消费；而多出来的用于让自己看起来更漂亮、更精致、提高生活品质的花费，则应该算作休闲娱乐了。例如，基本的理发需求，可以划分到基础生活开销里。但为了保养发质进行的护理、为了让自己放松进行的头部按摩或是为了改善心情进行的烫发染发，就属于休闲娱乐了。为了美而进行投资、消费，无可厚非。但如果不对自己的账户加以管理，不知不觉，就会多花很多钱，让自己陷入拮据的尴尬境地。

用于自我成长的花费，也要定期进行复盘。如果花钱买了一本书或是一门网络课程，那么看完书、学完课程之后要回顾一下，问问自己，这次消费给我带来了什么变化？如果觉得没有什么改变和收获，那就要分析原因，避免重复的无意义消费。

对自己的收入、开支有清晰的规划，就能对消费进行整体的规划和把控，在能力范围内做到既可以节流，又不会降低生活品质。

（3）用好的习惯来代替随意花钱的坏习惯

很多时候，我们花钱都是在一种不知不觉的惯性下发生的。比如，在很多个加班后的深夜，回到家打不起精神做任何事，就不知不觉地躺在床上打开手机刷起了淘宝。还有就是，在等地铁公交或是在咖啡店等人的空隙，也会不由自主打开购物软件消磨时间，一不小心又花了不少钱。

习惯是“大脑省电”的一种产物，也就是我们所说的“下意识”，当一件事情重复多次以后，大脑就不去管它了，从而形成惯常行为。

当我们一无聊就刷淘宝，一想到打发时间就打开购物软件，一没事干就去看购物直播……慢慢就会形成“习惯回路”，时间和钱都悄无声息地溜走了。

习惯不那么容易养成，但一旦形成，也不那么容易改掉。如巴菲特所说：“习惯是如此之轻，以至于无法察觉；又是如此之重，以至于无法挣脱。”而《习惯的力量》这本书里提到，战胜一个坏习惯最好的方式，就是用一个好习惯去替代坏习惯。旧瓶装新酒，你得把自己倒干净。

比如你想戒烟，首先要找到你想抽烟的原因，是因为心情不好，还是仅仅喜欢尼古丁带来的刺激感，抑或是为了社交不得不吸烟？如果仅是想获得尼古丁的刺激，不妨用有同样效果的咖啡来代替。用具有相同回报的惯常行为来代替，这样成功戒烟的概率更大。事件的诱因和回报还是一样，只是行为改变了。

购物也是一样。有时候我们并不是想买东西，仅仅是为了打发无聊的时间。那么，这种时刻，就应该让自己去找到替代的习惯。同样是打发时间，我们可以在脑海中规划一下一天要做的事情、待完成的任务，阅读一篇有营养的公众号文章，看看时事新闻或者听一本书、一个电台节目，甚至只是简单听听音乐、放松一下大脑。这些都比盲目地刷淘宝购物要有意义得多。你也可以尝试在包里放一本书，利用碎片时间阅读，也许一个月后你就会发现，平时总是抱怨没时间看书的你，竟不知不觉读完了一整本书。

在这个信息爆炸的时代，我们不间断地主动或被动接受各种信息，而接触到什么样的信息，在很大程度上会影响我们的情绪和判断力。我们也要学会去调控信号收发的开关，不要关注过多购物的账号，让自己一打开手机就会被推荐淹没，不自觉打开刷了起来。多关注新鲜的事物，接触高质量的信息，让你的能量重新被激活，而不只是习惯性地买。

压力同样是钱包的敌人。我曾经在频繁加班的时候，为了排解压力，沉迷于消费奢侈品包、去五星级酒店做SPA或是频繁计划出国旅游……这种方法并不能从根本上解决问题。不如想一想，有没有什么不需要花钱就能够消解压力的方法？比如通过运动打起精神，通过阅读净化心灵，周末做一次大扫除，再比如学习象棋、尝试下厨烹饪……除了购物，我们需要发展更多爱好，去释放自己的压力，消磨自己的闲暇时间，而不是把购物作为情绪的宣泄口和打发时间的唯一方式。

（4）用时间代替消费

我非常喜欢喝咖啡，基本属于每天不喝一杯就醒不过来的那种。我喜欢在上班路上顺路去趟星巴克，周末去探索城中各种独立小咖啡店，但却很少自己做咖啡，直到我 28 岁辞职在家那年，才第一次学会用咖啡机，亲自体验了把咖啡豆磨成咖啡粉再做成平时咖啡店里三四十元一杯的咖啡。这个过程不仅让我对咖啡产生了新的理解，知道了不同地区咖啡豆味道的区别，也有了更多生活的仪式感。清晨起床自己动手做一杯咖啡，本身就是一种美妙又省钱的优质体验。

以前每个月要花七八百元在买咖啡上，现在只需要买一台 1000 元的咖啡机、200 元的手冲壶，每个月只花几十元钱买咖啡豆，就能自己在家享受咖啡带来的愉悦感。

同理，你也可以尝试自己做奶茶、下厨做饭、给自己剪头发甚至给自己做衣服……这些技能其实都是财富本身，因为你不用再固定支出下馆子、理发、买衣服的钱。你其实是用时间换来了技能，再用这个技能代替了原本不可避免的消费。

在自己动手创造的体验过程中，我还发现外面的零食、奶茶、蛋糕都太甜了，越来越不喜欢在外面买东西吃，自己做的东西反而更自然更健康。这样在不知不觉中，又会减少很多不必要的消费，存款所带来的安全感也会与日俱增。

总的来说，节流首先要做的就是不过度消费、不为了满足虚荣心强行消费自己能力范围外的东西，也不硬买和自己收入不匹配的奢侈品，只买自己需要的、真正有价值和让自己开心的东西。

4. 记账不等于理财

关于养成一个习惯需要多长时间，我听过许多种说法。比较有科学依据的一个，是伦敦的学者菲利帕·拉利在 2010 年的研究。平均来说，一个人养成一种习惯，大约需要 66 天的时间。如果这个习惯比较简单，比如每天喝 8 杯水，那么花的时间会相对更短；但如果这个习惯比较难养成，比如每天健身一小时，则需要花更多时间。拉利的研究表明，最简单的习惯只需要 18 天就可以养成，而最复杂的习惯则需要 9 个月的时间。

以我们的生活经验来说，好习惯的养成确实需要付出比较长的时间和努力，而诸如抽烟喝酒之类的坏习惯，可能并不需要刻意培养，一不小心就染上了。所以，我们更应该花时间去培养那些对我们人生有益的好习惯，例如记账就是其中一个。

以我自己的经历为例，我大概是用了两个月的时间养成了记账的习惯，接下来长期坚持，就很难再改掉。记账本身并不难，不过就是每天记下来当天的支出，每天只需要花 3 到 5 分钟就能完成。难的是，坚持每天记账。

有人觉得一两天不记账无所谓，等到周末一起补起来就是了。但事实就是，如果你不能在当天记下来，那么很快就会忘记。人的大脑每天都要处理成千上万的讯息，琐碎的事情不会占用你的记忆太久。所以，你一定要当天消费、当天记录，一天只要三五分钟，就能培养出一生受用的记账好习惯。

如果你已经养成了记账的习惯，并保持了一段时间，却没有感受到自己在理财方面有明显进展，那么接下来的文字你就不得不读了。

我们常说记账是理财的第一步，但并不是你在记账，就等同于在理财。更直接地说，记账不代表你的财务状况一定会得到改善，也不代表你在财富路上前进着。

经常有粉丝问我能不能推荐记账的软件，其实市面上能够帮助你记账的工具很多，无论你用 App、Excel、手写记账本还是手机的备忘录，这些都并不重要。比用什么工具记账更重要的，是记账的目的。

你需要知道，记账到底在记什么？

睡觉前把当天花费的金额填到账本里，然后每天不断重复这样的行为，到月底看一下支出如何或是当想不起来自己买某件东西花了多少钱时，回头查一下账本，看下当时的消费状况……对很多人而言，这就是记账了。

这样下去，可能你坚持了十几年，家里堆满了账本，手机、电脑里也都塞满了你的记账表格，但实际上，这并没有帮助你了解到自己的财务状况，也就算不上是在理财。

像写流水日记一样记账、积累一大堆供我们日后查询的“历史档案”顶多只能防止我们过度消费，并不是我们记账的主要目的。我们更应该学会如何把这些有记载的资料转变为有用的信息，从记账中解读自己的消费习惯，从而学会管理支出，增加自己的存钱效率，把存钱的速度提上去。

记账看起来是件简单的事，但要通过记账让自己的财富变多，需要掌握以下三个原则：

原则一：通过复盘，清楚自己的钱都花在了哪里。

“怎么莫名其妙又没钱了？”想回答这个问题，是很多人要开始记账的初始原因。这也同样是记账最直接的好处：可以帮助我们从消费支出里抓漏。

记账和工作一样，都需要定期复盘，这样才能知道我们目标的完成情况以及接下来该如何改进。这个复盘工作很简单，每次只需要 5 到 10 分钟，就可以帮助你对财务状况和目标进行调整，让你能够做出对自己当前财务状况更有利的消费选择。

当你坚持记账一个完整周期（一般是一个月）以后，你就可以把该月的各项支出与收入的比例计算出来，通过这个比例，你就知道每月花得最多的钱在哪里。接下来，你就能区分出在这些支出中哪些是必要消费，哪些是不必要的消费。必要的就是衣食住行、基本的生活开销。而不必要的部分，自然会成为你接下来需要优先删除的对象。

如果有一些支出你在理性上知道是不必要的，但在感性上又会觉得不花很难受，好比有的人特别喜欢玩桌游，每月都要约上小伙伴去桌游馆消费一通，或是爱美的女生每个月都忍不住在美容美发这件事上消费一些。没关系，可以暂时保留，但需要做好分配，坚持一个额度上限。这里就需要用到第二个原则。

原则二：分配好未来要花的钱。

我们通过复盘知道了哪些钱花在了不必要、不恰当以及不能帮自己积累财富的地方，就需要在未来花费的时候及时调整，尽可能把钱花在刀刃上。

要想不被钱控制人生的方向，就需要先控制钱的方向。你是你每一笔收入的主人，因此在你收到钱的时候，作为主人的你有责任对它们进行管理，像管理一支队伍一样管理你的钱。

试想一下，你现在是一家公司的老板，当你带领团队赚到钱之后，也需要给团队的每个员工发放工资和奖金。不过，你一般不会给每个员工都发一样的奖金，而是按照多劳多得的原则，根据不同岗位的不同技能、贡献，在发工资时，按照适当的比例去分配你的奖金。

现在问题来了，如果某个月企业运营状况不佳，只有很少一部分钱可以用来给员工发奖金，这个时候怎么办？作为企业的老板，此时你就需要考虑大局，优先照顾能够让你的企业继续经营下去的核心员工。所谓的核心员工，就是能够为你的企业带来更多收入、创造更多利润的员工。支付完核心员工的奖金，剩下的钱再依照重要性发给其他员工。至于那些常年浑水摸鱼、能力不够、无法产生绩效的员工，即使给他们多发奖金也无法带来更多收入，那么你就需要慢慢考虑裁员，减少不必要的支出。

在理财上来说，“核心员工”其实就是能够帮你带来更多财富机会的地方，也就是需要你拿到钱以后，优先考虑那些可以“开源”的机会，比如为未来的投资进行储备。剩余的钱，再按照必要不必要、重要与否依次分配下去，重要程度最低的消费，就尽可能慢慢降到最低，减少这部分的开支。

原则三：每一笔记账，都要帮你在财富自由的道路上前进一步。

坚持前两个原则一段时间后，在复盘过去和规划未来上不断循环。如果你的方法正确，可能很快你企业里的“核心员工”就会越来越多，也就是可供你自由支配的资金会越来越充沛，简言之，存款变多了。

为了让这个过程不断加速，你的每一笔支出与消费，都应该有一个最终目的：让可供自由支配的资金越来越多。因此，在记录每一笔开支的时候，你都应该有意识地思考一下，这笔消费让我离目标更近了，还是更远了？

比如某一天你发现你的吹风机坏了，在网上选了一通，发现有两款吹风机可以选。这个时候你可以选择买那款价值几千元的名牌吹风机，买来之后还可以发朋友圈、晒晒优越感；也可以选择买一款几百块的普通品牌的吹风机，颜值可能不够高，但吹发的功能也不会差太多。再比如，在就餐时，你完全可以负担得起两种食物，随便吃哪个都不会对你的经济状况造成太大影响，这时候你需要想的是，买哪个会让未来的你更自由。

这其实就是延迟满足。消费的时候不能只想着当下的满足感，也要想到未来的自己。我们需要通过记账养成的，也正是这样的消费思维。每天晚上记账的时候，每记一笔都需要想一想，这笔花费有没有从长远上帮到自己，是不是本来可以有更好的替代方案。当你习惯之后，就会发现延迟满足的能力已经渗透到了日常生活中。

“记账是理财的第一步”这句话肯定是没错的，但你要记住，记账并不等于理财。记账的最终目的，就是为了让我们的未来有更多可自由支配的资金，提前达到自由状态，而不是走形式，为了让自己心安或是留下一个花钱的记录。

掌握以上三个原则，你才能真正掌握记账的方法，让财富增值，让存钱速率越来越快。

第三章

理财是一种生活态度

1. 理财是一种生活态度

因为在成长过程中缺失财商教育，很长一段时间，我都没有正确的财富观。学生时代作为文艺青年的我，总觉得文学艺术才是高雅有趣的事，谈钱太俗；后来工作后开始赚钱，又物欲爆棚，每月都“月光”，只恨钱不够花。

后来看了很多书，经历了很多事，在真实生活里摸爬滚打一番，我才明白自己的幼稚和短视，也渐渐树立起科学的财富观。

钱其实是一个工具，而工具本身是中性的。利用好了，就能帮助我们更快地实现理想的生活。要想让我们的人生多姿多彩，最重要的就是要有选择权。而理财的本质，就是让我们把选择权拿回自己手上。

我身边有一些从来不理财的朋友，我问他们为什么不理财，得到的答案主要有以下两种：一种是觉得自己物欲很低，觉得存钱、赚钱是一件枯燥又费神的事，不想为钱所累；另一种是奉行及时行乐的原则，因为不知道明天和意外哪个先来，所以干脆赚到钱立刻花掉，觉得这样人生才值得。

这两类人都和当初天天穷开心的我一样，对理财缺乏系统的理解。

理财其实不仅仅是存钱和赚钱，更重要的是培养创造和驾驭金钱的能力。理财包含了债务管理、消费控制、资产配置、风险管理、目标设定、职业规划、人生设计等诸多内容，它能够帮助我们更好地认识自我，是一种积极的生活态度，而不只是硬邦邦的致富工具。

大部分都市人的生活总是忙忙碌碌，脑海中充斥着赶不完的工作计划，10 分钟后要做什么，一小时后要做什么……生活的时间轴被压得很短、节奏变得很快，这样一来我们能看到的只有眼前的事情，而缺乏用长远的眼光来规划事情的能力，变得越来越短视。

这样的生活方式会影响到我们的方方面面，钱就是其中一方面。没有理财观念的人，常常只会考虑眼前，只会想到一天后、一周后、一个月后要用的钱。“交完这个月的房租，还完上个月的信用卡账单，下个月的钱下个月再说吧。”如果要让他们计划10年、20年后要用的钱，是非常困难的。他们美其名曰“不想考虑太多与钱相关的事”或是“快乐生活就好，钱多钱少没关系”，但这样的想法实际上是在逃避长期的人生规划。我认识的那些没有理财观念的人，也鲜少对人生、职业有长远规划，因此他们很难面对生活中出现的意外，也很难让自己取得长足的发展和成就。

与其说理财是管理自己的财务，不如说是管理自己的人生。有理财观念的人不太会去考虑一年后的工资可以涨多少钱，而是会考虑 10 年后自己会达到哪种财富水平，过上什么样的生活，应该为此做些什么。

理财，可以帮助我们养成从更长的时间轴来看待问题的能力。

你可以通过记账，清晰地知道自己每个月的收入和开支，为接下来的一年做好金钱规划。记账是对自己的日常行为进行观察与优化的一种好习惯，是认真的、有计划的生活态度。

你也可以通过设定自己5年、10年的财务目标，例如买房、买车、给孩子准备教育基金等来做好相应的职业规划。目标设定能把我们的需要转变为更明确的动机，使我们有动力朝着一定方向努力，并及时将行为结果与既定的目标进行对照，从而进行调整和修正，直到实现目标。这也是一种认真的、有计划的人生态度。

你还可以从控制消费入手，降低消费频次，逐渐摆脱债务的困扰；或是通过设立专门的理财投资账户，开源节流，有计划有步骤地实现“原始资本积累”。

这些都是理财的不同表现形式。理财不是把钱藏在床脚，也不仅仅是把钱放进余额宝，理财是为了让钱生钱，更重要的是，明确自身的资金规划，保持健康的财务状况，最终实现自己的人生目标。

即使你现在一分钱存款都没有，即使你曾经是月光族，都没关系，因为理财和有多少钱并没有太大关系，你只需要从当下开启理财之路即可，从具体的理财方式领悟到背后的财富思维，再延展到生活的方方面面。

我有很多粉丝都告诉我，当他们开始尝试记账、理财，并从理财投资当中赚到钱的时候，会获得很大的成就感，感到自己的付出获得回报，感到对生活拥有了掌控权，整个人也充满了积极向上的正能量。而这种能量也会被带到工作和生活中，形成正向循环。

理财观和生活观是息息相关的，财富自由的重点不是财富，而是通过财富换来身心的自由。也就是说，经由财富自由来实现生活自由。所以我们才说，理财是一种生活态度，理财就是理生活。

与其逃避金钱，不如和金钱成为伙伴，感受金钱的善意，借助金钱这个工具去实现自己想要的生活，让理财成为你的人生习惯和生活态度。

2. 只有金融专业的人才能学好理财投资吗

很多人一提到投资，第一反应就是：好难好枯燥，一堆数字搞不懂，我又不是学金融的，还是敬而远之吧。我的很多粉丝也经常这么说：虽然我对投资有兴趣，但是什么都不懂啊。

我也曾经有过这样的想法。作为文科生，我学生时期最害怕的科目是数学。自己对数字也不是很敏感，一提到投资理财，就误以为很艰深很困难，也觉得会成为自己去行动的一大阻碍。

但后来经过学习和实践，我意识到学理财主要是对金融知识的学习，是树立投资价值观、形成适合自己的方法论的过程，其重点并不在枯燥的数学计算。理财当然需要数学基础，但数学成绩好并不代表理财能力就强。《富爸爸穷爸爸》一书里曾说，投资与理财，只需要小学五年级的数学功底，不需要几何、微积分等数学知识。简单说，你只要会算加减乘除，就已经具备了做好理财的基础。

我有一个朋友是学会计专业的，数学特别好。在固有观念里，会计基本就是和金钱账目打交道，因此人们会理所当然认为，学会计的人一定都很会理财。但实际上，日常生活中的她是一个月光族，别说投资了，就连存款也没有。虽然她在会计工作方面做得很出色，但打理起自己的钱反而存在一定的问题。所以说，不是和钱打交道的人都是理财好手，理财看的是一个人用钱的习惯和对财富的理解。

因此，理财和投资，也从来不是金融专业人士的特权。即使是科班出身的金融分析师，也不能做到每次出手都能赚钱，依然会陷入理财投资的困境之中。学习理财更是一场伴随整个人生的马拉松长跑，即使是从事金融工作的专业投资者，每天也依然在不断地学习新东西。

对我们大部分人来说，没有必要追求成为像巴菲特那样的专业投资人，把投资当成自己的事业；我们想要的，其实是通过投资改变工作的意义，不再只是为了钱工作，而是可以自由选择自己喜欢的方式度过一生。

投资和消费的本质其实是一样的，都是由我们来决定自己赚来的钱到底去到哪里，唯一的区别是，最终目的地不一样。

你可以回忆一下你最近的一笔消费是什么？我自己最近的一笔消费，是在星巴克买了一杯咖啡。那么我支付的这笔钱，最终目的地去到了哪里？

你可能会觉得，去到了肚子里呀。

这只是这笔钱表面的去向。如果深入思考，它其实流向了星巴克这家企业，变成了企业的市场经费、员工支出、房租成本的一部分。如果我今天没有选择去星巴克喝咖啡，而是选了路边的一家个人经营的小咖啡店，那我支付的钱，就去到了店主的手里，同样用来支付房租、员工工资、采购原材料。

有一个说法：我们花出去的每一笔钱，都是在为我们想要的世界投票。这话听着很文艺，但事实就是如此。金钱的去向，实际上表达了我们对收钱的人的“支持”。你是选择去连锁大企业消费，还是去手工小作坊消费？是购买高档超市里的进口蔬果，还是街边农民兜售的自家蔬菜？我们的价值观，直接决定了我们的消费观。

理解了消费中钱的最终去向，我想你也会理解，投资和消费一样，同样是花钱的决策过程而已。

很多人因为害怕投资、害怕亏钱，所以只存钱，不投资。但其实哪怕只选择最简单地把钱存到银行，也会在无意识中参与投资。

对于存款来说，银行并不是钱的终极目的地，钱不会停留在银行里。你把钱存到银行的那一刻起，你的钱就会被银行借给那些需要贷款的个人或企业。也就是说，你的存款其实被银行用作了本金，借给了别人去投资。我们常说，别把钱放在银行里睡大觉，其实睡大觉的只是你账户上的数字，实际上你的钱，早已被其他人用作了赚钱的工具。

与其把钱给别人用，那为何不自己有意识地决定自己赚来的钱的最终去向呢?

小到买哪个品牌的化妆品，大到买哪个品牌的车，我们都会为自己的钱该怎么花做决策，并付出相应的时间做调研。投资其实也是同样的决策过程，你一样可以通过学习、调研为自己的钱找到一个最好的去向，让你的钱为你工作、发挥价值，最后“衣锦还乡”。用这样的心态看待投资，可以适当降低心理门槛和心理压力。

即使不是金融专业人士，也完全可以通过简单的学习了解理财与投资，然后把自己的钱交给自己选择的专业人士去打理，比如基金经理，这在本书的第八章也会详细提到。但前提是，你需要掌握一定的基础知识，拥有科学的理财观念。

网上流传一个公式：成功 = 智商 + 情商 + 财商。这里的财商，就是可以通过后天的学习培养的对于金钱的观念。

我在分享理财的时候，会更多侧重于理财的观念，而不是冷冰冰的金融工具教学。因为一方面，我觉得理财这件事本身就可以融入生活，只有当你发现了理财给生活带来的乐趣，才可以坚持下去，让理财变得更持久。

另一方面，我觉得只要你的理财观念是正确的，使用金融工具不过是锦上添花；但如果你的观念不正确，再强大的工具，都没办法让你持久地使用，即使真的赚了钱也不一定留得住。

人必须对自己的思维模式、对事物运行的规律有充分的觉知，先改变思维，才能做出不一样的行为，最后实现自己想要的生活。因此，不断刷新自己的认知是非常有必要的。

所以，如果你问什么人适合理财和投资，答案就是，所有人！

3. 有钱人的生活和你想的不一样

“想成为有钱人，就需要观察学习有钱人的行为。”听到这句话，你脑海中出现的“有钱人的行为”是什么？开名车，住豪宅，每天出入高档场所，每天吃着山珍海味？这么想其实很正常，因为这就是社会给我们营造出的有钱人的生活方式，但这样的关于有钱人的印象，却害了不少人，让很多人以为，要想变有钱，就要模仿有钱人阔手阔脚的生活方式，只有通过花钱买来这样奢侈的生活方式，才能走进有钱人的圈子。

但其实真正白手起家的有钱人，他们的生活并不会如我们想象中那么奢靡。

脸书的创始人扎克伯格常年穿着一件普通的白 T 恤、牛仔裤和拖鞋，仅仅开着 3 万美元的大众汽车。

谷歌的创始人之一谢尔盖 · 布林表示自己不喜欢花钱，他吃饭从不剩饭，买东西时也非常关注价格。

艾瑞斯塔网络公司创始人、谷歌早期投资者之一大卫 · 切瑞顿，拥有 30 亿美元的净资产，到现在仍开着 1986 年的大众汽车，住着 30 年前的房子，甚至自己修剪头发。

美国著名的轻博客站点汤博乐创始人大卫 · 卡普净资产至少 2 亿美元，但他过着简单的生活，曾在接受采访时说：“我没有过多的衣物，我一直感到非常奇怪，为什么那么多人把家里塞得满满的？”

……

白手起家的富豪的节俭程度是不是超出你的想象？不妨思考一下这个问题：一个不是靠继承，而是靠自己白手起家勤俭致富的人，平时生活量入为出，你觉得这样的消费习惯是他在变富之前就有的，还是变富之后才养成的？

很显然，一个人在有钱的时候还是过着适度节俭的生活，大多是他们在变富之前就是如此。并且，有这样好的消费习惯，也是他们能够白手起家变有钱的重要原因之一。因为他们要让自己的收入持续大于支出，才有更多的钱可以作为本金去投资、创业，所以他们愿意在一定程度上牺牲生活品质，提早存到第一桶金。

人都是有欲望的，因为贪婪，所以要赚钱满足物欲，胃口会越来越大，想要的会越来越多。穷人要消费，富人也要消费，但穷人和富人消费有什么区别？

举个例子。我见过一些超级富婆，随便逛个街消费几十万的东西很正常，因为这相对于她们的金融资产、世界各地房产等收入来说只是很小一部分。但也有很多刚毕业的姑娘，为了买一个名牌包省吃俭用两三个月，结果背着挤地铁又怕弄坏了包。

这就是富人和穷人消费的区别：富人不用考虑消费对自己财务状况造成的影响，穷人反而反其道行之，通过购买奢侈品等来营造自己拥有巨大购买力的假象。

换句话说，穷人忙于使收支平衡，中产阶级愿为自己增加负债，富人乐于为自己购买资产。

什么是资产，什么又是负债？《富爸爸穷爸爸》里给出了非常简单明了的定义：资产就是能把钱放进你兜里的东西，比如能收租的房子、能产生收益的基金、能增值的企业股票、能带来版税的图书或音乐等，再比如你在网络上创作的能够产生价值的文章、视频、课程等，也都是资产。而负债就是把钱从你兜里拿走的东西，比如买来就开始贬值的新车、不停需要维护的名牌手袋，还有一张又一张的信用卡账单等。

同样都要消费，观察一下身边的穷人和富人，你会发现他们的现金流路径完全不同。穷人拿到收入后，就立刻用来消费，刷爆信用卡、清空购物车，购入大量“负债”；富人却不一样，他们拿到钱会先用来购买资产，例如买基金、股票，或是存钱买房，再用资产产生的钱去进行犒赏自己的娱乐性消费。

穷人没有资产，自以为买了包就是好的投资，殊不知买回的都是负债。有钱人当然也买化妆品包包，但那是建立在他们拥有的资产基础上，用资产产生的被动收入进行娱乐消费。

那富人是怎么理解奢侈品的呢？其实在《富爸爸穷爸爸》这本书里，作者的一个观点使我印象特别深。他说购买奢侈品，应该是对投资的一种奖励。他举了自己太太的例子，说她很早就想买一辆豪华轿车，最后她也确实买了，但她不是用工资或者贷款买的，而是靠她投资房地产赚的钱买的。为了买这辆车，他太太等了四年。

反过来看现在很多女孩子，为了买包包，不仅把工资都花光了，还会贷款分期购买。这样一来，每个月的工资，扣掉借款之后所剩无几，那么她就永远无法积累资产，就永远是一个背着大牌包包的穷人。而富人呢，利用投资赚来的钱买包包，剩余的资产还在不断增长，过了一年，又赚了一个包包回来，这样一来他会越买越有钱。

《富爸爸穷爸爸》这本书的作者也在书里说，那些能给子孙留下财产的人以及那些能够长期富有的人，都是先积累资产，再去购买奢侈品。而穷人和中产阶级却是在用他们的血汗钱以及本该留给子孙的遗产来购买奢侈品。所以稍微聪明一点的人在花钱顺序上都应该是，把衣食住行这些需求放在第一位，接下来再拿多余的钱来积累资产，最后才是根据资产的收益来买奢侈品。这样才是可持续的、真正的富人，生活质量也会越来越高。

之所以会有这样不同的消费方式，本质上是因为穷人喜欢及时享乐，而富人懂得延迟满足。

说到延迟满足，不得不提到心理学上非常知名的“棉花糖实验”。

20 世纪 60 年代末，斯坦福大学心理学家米切尔做了一个“棉花糖实验”，一群 5 岁左右的孩子被邀请到斯坦福大学做这个实验。每个人面前的桌子上都有一个棉花糖，并被告知：你们有两个选择，第一个选择是，你们现在就可以吃掉这块棉花糖。第二个选择是，我现在出去办点事，等我 15 分钟，当我回来后，你们可以得到两块棉花糖。在我出去期间，如果你们等得不耐烦，可以摇桌子上的铃，我会立刻返回，但你们就只能得到一块棉花糖。

只要等待 15 分钟就可以再得到一块棉花糖，听上去很简单也很值得，但对于 5 岁的孩子而言，这 15 分钟的等待简直太难。多数孩子都无法抗拒眼前的诱惑，连短短 3 分钟也等待不下去，不假思索，立刻就吃掉了棉花糖。只有大约 30% 的孩子，成功等上了 15 分钟，所以他们也可以得到更多的奖励。

十几年后，米切尔给所有参加过棉花糖实验的 653 名孩子的父母和老师发去了调查问卷，询问了他们的许多情况，包括制定计划、做长期打算的能力、解决问题的能力、和同学相处的情况以及他们的SAT（美国大学标准入学考试，类似于中国高考）分数等。调查结果显示，那些通过实验的孩子，也就是那些能得到两块糖的孩子，在长大后也更加成功。

“月光”“过度消费，永远都有还不了的债务”，穷人之所以会有这些财务困境，往往都是没有培养起延迟满足的理念。延迟满足，其实就是延期满足自己的欲望，以追求自己未来更大的回报。

如果你今天想买一个很贵重、但又不是必需的东西，例如出国旅游、购买奢侈品或是换一个最新款的手机，你需要先忍住，把钱先拿去放在一个可以帮你赚钱的地方，也就是购入资产。等你的钱帮你赚钱之后，再用多出来的钱去购买自己想要的东西。

延迟满足不是单纯地等待，也不是一味地压制欲望，说到底，它其实是一种克服当前的困难情境，力求获得长远利益的能力。你必须很努力，也必须很有耐心。

我一个朋友的姐姐曾经是一个小有名气的模特。我朋友总跟我说，她姐姐很奇怪，虽然在时尚行业工作，但从不买奢侈品，也不买珠宝，就喜欢买房。模特的职业生涯不算长，竞争也很激烈，朋友的姐姐30岁之后就开始逐渐淡出模特圈，但她工作的10年里挣的钱，已经全部换成了北京和世界各地的房产。现在光是靠着房租收入，就已经过上了很多人梦想的生活，想买多少珠宝奢侈品也都不在话下。很多和她一同出道的模特，有比她出名的，却少有比她富有的。她的消费方式，直接决定了她能跨越阶层，成为富人。

我自己刚开始工作的一两年，完全没有延迟满足的概念。每年都会出国玩一次，买一两个奢侈品包，办上几张昂贵的健身卡和美容卡。直到有一天，我偶然听一个关系很好的大学同学说，她在上海买房了——虽然省吃俭用只买得起一个郊区的“老破小”，但也是自己的房子，终于不用再担心和房东闹矛盾、被扫地出门。

当时的我还觉得买房仿佛离我非常遥远，没有想到同样的年龄、同样的工作时间，我同学赚的钱已经换成了一套还在不断升值的上海的房子。我回家看着一屋子已经不再喜欢的衣服包包，下决心要开始学会延迟满足。

后来有很长一段时间，我都没有再购买过奢侈品，也没有再去进行奢华的旅行。印象特别深刻的是，大概四五年前，戴森吹风机突然特别风靡，到处都在推荐这款秒杀其他同类产品的高档吹风机。如果是以前的我，3000 多元的吹风机肯定说买就买了，毕竟大家都说这是精致女孩的标配。但是想到延迟满足的概念，我忍住了购买的冲动，想想自己用着的索尼吹风机好好的也没坏，不如等到有了被动收入再换新的，于是我把它和其他我喜欢的东西、想去的地方都一起写在了我的心愿清单上，让它们变成我努力的目标。

然后我开始强迫自己存钱、学习理财，终于在 3 年后，通过贷款在我老家重庆买了一套二手小两居。房子虽然很小，但位置还不错。因为我大部分时间都在北京生活工作，于是房子买来之后我就立刻找中介租了出去，每月收租 2000 元，一年下来的房租，刚好够我出国玩一趟，顺便买一个喜欢的包。收到第一个季度的房租后，我终于买来了这个我心仪已久的戴森吹风机——迟到了 3 年，但最终没有缺席，并且作为我达成自己的一个小目标的奖励，又多了一重意义。

可能会有人觉得，买个吹风机而已，又不是买不起，真的有必要拖这么久吗？高级的吹风机虽然吸引人，但并不是生活必需品，在收入来源有限的情况下，优先级需要放到最低。两三千块钱本身看似不多，但如果省下这笔钱，可以用来做的投资却很多，优先级都比“享受型消费”要高。

延迟满足听起来容易，但执行的过程无疑是相对痛苦的，它很考验人的定力。谁不喜欢享受呢？但当你急着享受的时候，要知道你花的钱，可能剥夺了你未来10年的机会成本。

如果我当时没有选择把存款用来付房子的首付，而是随便去消费，那这些钱花掉了也就花掉了。但当我战胜了自己要立刻拥有某件东西的欲望、选择把钱先换成资产，我就拥有了源源不断的被动收入现金流。随着时间推移，资产本身的价值和产生的收入也会逐渐增加，我每年都可以用它们来犒赏自己。

这样想想，是不是很想乘坐时光机回到10年前，让那时候的自己开始存钱？

享受不是不可以，而是要有度。当你觉得自己很需要庆祝、犒赏自己的时候，暂停一下，把这个想法留到下个月甚至年底，而不是说“我今天工作好辛苦，下班一定要买个包奖励自己”。这笔钱，你完全可以存起来，拿去理财，等产生了收益，再满足自己。短暂的忍耐之后，你收获的快乐和满足是更长久的。

所以，理财并不是主张大家不消费，也不是说完全不能买奢侈品，而是先存钱买资产，再用资产产生的收益去消费。当你看着身边的人开着豪车、放假到处玩，而自己还在挤地铁的时候，忍一忍，给自己一点积极的心理暗示。购物只能获得当下的满足感，而把资金用来投资、购入资产，为的是让自己不用一辈子都辛苦工作，逐渐拥有选择的权利。

4. 做时间与复利的朋友

很多人觉得，自己没什么钱，本金太少，再怎么理财也没多少。会有这种想法，多半是因为他们还没有理解复利的概念。

被称为“世界第八大奇迹”的复利，可以说是宇宙间最大的能量之一。

我们先来看看世界著名的诺贝尔奖是怎么利用复利的。

1900 年，由诺贝尔捐献 980 万美元的诺贝尔基金会在瑞典成立。随着每年奖金发放与运作开销，到 1953 年，基金会的资产只剩下 300 多万美元。而且因为通货膨胀，300 万美元只相当于 1900 年的 30 万美元。于是，从 1953 年起，瑞典政府开始允许基金会独立进行投资，可以将资金投放在股市和不动产方面。

基金会将原来存在银行的基金，请专业金融机构在全球范围内进行价值投资，这可以说扭转了这笔基金的命运。

从 2001 年开始，诺奖的总资产已经上涨到 3000 万美元，截至 2011 年，诺贝尔基金会总资产高达 70 亿美元，已经是设立之初的 714 倍了。诺贝尔基金会长线投资的历史就是追求复利收益的历史，虽然经历了人类的各种天灾人祸和战争，可是一路走来，长线仍有非常可观的复利收益，产生了取之不尽用之不竭的效果。

这就是复利的力量。

复利，就是将当期产生的利息计入本金中，作为下一期的本金继续计息，俗称“利滚利”。复利是相对单利来说的，两者最大的区别在于，单利只对本金计算利息，而复利则对本金和利息一起计算。

复利的计算公式：$F=P\times(1+i)^n$，其中 P 为本金，i 为年化收益率，n 为年限。从公式就可以看出，复利收益主要由三个因素决定：本金、年化收益率、投资年限。

首先是本金。如果本金很少，即使投资收益很高，要想达到一定的总金额，也会需要很长的时间。假设目标理财金额是 10 万元，一个人拥有本金 1 万元、年化收益率 20%；另一个人拥有本金 5 万元、年化收益率 10%，那么前者需要 13 年，而后者只需要 8 年。

要想提高最终获得的收益，就需要我们尽量积攒本金，不仅要开源，更要节流。

其次是年化收益率。同样的本金，同样的投资年限，不同的年化收益率，最后得到的结果也是相差巨大的。同样是 1 元钱，要想把它变成 100 万元，你觉得需要多久？

如果你的年化收益率是 0%，也就是你从不理财，那它永远也不可能变成 100 万元；

如果你的年化收益率是 3%，也就是相当于余额宝、零钱通的收益率，那么它需要 468 年的时间，才能变成 100 万元；

如果你的年化收益率是 20%，那只需要 76 年的时间，1 元钱就能变成 100 万元！

最后是时间。假设同样的本金、同样的年化收益，年限越长，获得的收益越多。最典型的代言人就是巴菲特。

巴菲特从 1957 年成立公司，开始为亲朋好友管理资产，初始资金约 10 万美元，长年维持 20% 左右的年化增长。乍看可能会觉得，20% 也没有很高啊？的确，论单一年度收益，巴菲特不一定是全球第一，但经过几十年的复利，现在的资产是非常惊人的。

你可能会说，复利真的这么厉害？但是为什么好像我从来没有切身感受到复利的力量？

很多人刚开始存钱的时候，都会觉得这个过程好缓慢。第一年好不容易存了 1 万元，再怎么投资也就只能产生几百元。第二年本金变成了一万零几百元，结果发现房租都涨了不止几百元，不由得大失所望。就这样，激情慢慢褪去，大部分人都在这个阶段选择了放弃，觉得一点小钱没必要折腾了吧，然后就心安理得地回到了原来的状态。

巴菲特 52 岁之前，资产总值还只有 376 万美元，但从那之后，他的财富就开始飞速增长。到 2020 年，巴菲特已经拥有 1300 亿美元的资金。也就是说，他一生中 99% 的财富都是在 52 岁之后获得的。

在复利的影响下，一开始你和别人的差距并不会太明显，进步总是很微小，小到你甚至感觉不到。但随着时间推移，这种差距会越来越大。

巴菲特曾说："人生就像滚雪球，重要的是找到很湿的雪和很长的坡。"其中"很湿的雪"就是找到稳定的回报率，"很长的坡"就是足够长的时间与足够久的坚持。

在复利过程中，对比稳定和高回报率，更重要的是稳定。要想让复利发挥作用，前提就是本金不能亏损。巴菲特之所以能成为股神，并不是他的收益有多么高，而是他惊人的耐力和稳定性，在他 62 年的投资生涯中，只有两次亏损。

复利的真正本质是做 A 增强了 B，反过来 B 又增强了 A，由此形成了正向的循环回路，也就是做一件事情可以产生累积，而不是一次性的效果。打个比方，你今天学习新的知识时，把昨天所学的知识也用上了，这就产生了复利效应。但如果你今天学习新的知识时，已经把昨天的知识忘记了，其实你依然停留在原地。在投资里也一样，当你获取新的收益时，需要保证本金的稳定，这样才能让复利发挥作用。

除了稳定，还需要坚持。就好像春天播种，细心呵护耐心等待，给种子足够的时间去成长，熬过夏天，才会迎来收获的季节。

不仅是投资和财富增长，人生成长的方方面面，都可以让复利发挥魔力。

就好像我做的关于理财内容的分享，也是有复利效应的。一开始涨粉很慢，一天增长一两个粉丝，但只要持续不断地输出，一旦突破某个临界值，就可以看到数据的飞速增长。通过持续输出，我不仅锻炼了自己的思考能力和表达能力，还通过输出倒逼输入，让我不断完善自己的投资体系，再继续输出，让更多想要学习投资的人，培养正确的投资理念、走上正确的道路。

你或许见过下面两个励志公式：

$1.01^{365}=37.78$

$0.99^{365}=0.03$

365 代表一年的 365 天，1 代表每一天的努力，1.01 表示每天只多做 0.01，0.99 代表每天少做 0.01。如果你每天进步 0.01，一年后你所收获的就是一年前自己的 37.78 倍；但如果每天退步一点点，一年后将会从 1 变成 0.03，你变得一事无成，被人抛在后面。

在复利力量的影响下，你不需要每天进步很多，只需要每天都坚持进步一点点，人生将会大有不同。而所谓的进步，就是向前走，今天比昨天有所突破。比如你比昨天多学会了一个单词，多读完了一本书，多知道了一些新的知识，思考事情的思路比昨天更清晰了……这些进步日积月累，多年之后能让你的人生发生非常大的改变。

利用碎片时间一点一滴地学习和改变，积少成多，量变终会引起质变。不管是投资、理财、工作还是创业，人生的方方面面都是如此。

但如果你一直在重复做一样的事情，却期待产生不一样的结果，是不可能的。

复利的力量，只会展现给愿意坚持下去的人。我们要做的，就是先迭代自己的思维、确保自己走在正确的方向上，然后该工作就好好工作、该生活就好好生活，与时间为友，相信随着时间的增长，复利会带你去到想去的地方。

第四章

你想过怎样的生活

1. 定义你的理想生活

大多数人都想在 30 岁时过上自己想要的生活，但如果我问你，你理想的生活是什么样？可能没有几个人能真的描述出来。

其实，越是缺乏理财思维的人，越难描绘出未来的理想生活。但是理想生活不会在那边等着你，而是需要你去寻找并创造它。

要想过上理想人生，第一步先要描绘自己的理想生活，知道自己到底想过什么样的生活，这样才能去创造，去执行。否则就好像无头苍蝇，不知道自己要往哪里去。

你可以试着畅想一下 10 年后的某一天，你理想中的生活是什么样的。拿我来说，我理想生活中的一天是这样度过的：生活在喜欢的城市，早晨 8 点起床，送孩子去上学，然后在健身房健身、做瑜伽，接着去家附近的办公空间或咖啡店写作、复盘自己的投资情况；下午见朋友、看展览，傍晚接孩子回家，晚上和丈夫、孩子一起用餐、享受家庭时光，睡前阅读或是看一部电影；如果遇上喜欢的活动，不用担心请假的问题，可以随时去参加，如果活动在其他城市，也可以随意安排。

描述完我想要的一天，就可以看出其中的关键点在于自由。我要自由安排自己的时间，不用赶着打卡上下班，也不用因为加班牺牲陪伴家人的时光。

可能有的人的理想生活是这样的，参加各种各样的会议，自己可以作为会议的主导人决定一个企业的发展方向；也有人会描述出在大自然的环境中进行文学或艺术的自由创作……这都代表了不同的人想要的生活方式。不同的生活方式本身没有对错，关键是你要想明白自己想过怎样的生活，这样才能明确自己要去往的大方向。

有了这个方向，你才能确保自己做的任何事情、任何决定，都朝着这个方向前进。如果没有，你可能会做做这个、试试那个，沿途看到不错的机会都想试试，结果反而让你离想去的地方越来越远。

我们的一生中会遇到无数个人生岔路口，每一个选择都可能会改变我们的人生方向。有时候很多机会有着华丽的外衣，看上去很诱人，让你忍不住想抓住，但这种时候你更应该冷静下来思考，接受这个机会、做出这个选择，是否真的能够带你往你的目标前进？

有时候，拒绝比接受更难，也更重要。

举个例子。我已经意识到我想过的生活是自由的，希望不为任何人、任何企业工作，可以完全掌控自己的时间，可以和自己的家人在任何喜欢的地方工作生活，也可以创造更多属于自我的价值。但如果我今天突然遇到一个猎头，对方想劝说我去一家世界一流的大企业从事一份高薪的工作，我应该接受吗？

可能很多人的反应是这样的：哇，这么难得的机会，多少人想求还求不来呢，赶紧好好把握啊！但我会沉下心来思考，如果接受了这份工作，我又会成为没有自由的“打工人”，每天按时上下班、辛苦熬夜加班、一年的工作换来 10 天假期……

这个机会其实使我偏离了我定下的方向，让我离我的理想人生越来越远。

这就是描绘你的理想生活的重要性。当你心里知道自己的终点在哪儿，你才能在做任何重要的决定前，有一个参照系，不跑偏，朝着理想的人生一点点前进。

有了这个方向，第二步就是要基于你的理想生活，拆解出更清晰可执行的年度目标。

需要注意的是，“希望今年能获得更多成长”“希望今年能变得更优秀”这种大而空的新年期望不能够算作目标，需要取而代之的是“希望今年读完 12 本书”“希望今年产生 2 万元被动收入”这种具体又清楚的目标。

例如，因为我的理想生活是希望未来成为一个更有影响力的自由创作者，所以我在去年年初给自己设定目标的时候，就写了一项：希望 30 岁前可以出一本书。这是我通过我的理想生活拆解得到的一个可执行目标。当时我把这个目标分享到社交网络，也有网友问我，请问怎么才能出书？那个时候我心里毫无答案，只能如实回答“我还不知道”。但是内心里有了这个目标之后，我知道自己更需要持续不断地写作和输出，并且也开始有意识地让自己创作的内容往一个更具体的主题靠拢，而不是像之前一样想到什么写什么，漫无目的地随心创作。没过多久，就有不同的出版社主动找到我，希望探讨出书的事宜，一年后这个目标真的实现了。

理想生活并非遥不可及，只要你有意愿和决心，金钱、名誉、地位和幸福你都能得到，但前提是你必须知道自己想要的到底是什么。

有一本书叫《思考致富》，书中作者花了 20 多年的时间去研究那些成功的人，例如爱迪生、福特、卡内基……发现他们都有一个共同的习惯，就是头脑里有清晰的目标，具备描绘梦想的能力。这个能力，其实每个人都可以培养起来，你甚至现在就可以拿出纸笔，列出那些你想做的事。

如果你觉得无从下手，不妨先回答一下下面三个问题：

问题一：5 年后的你，想成为什么样的人，过什么样的生活？

问题二：如果你现在所在的公司 / 行业消失了，你会做什么？

问题三：假设钱 / 面子不是问题，全世界所有工作都是同样的薪资，你想做什么？

这三个问题实际上是《斯坦福大学人生设计课》这本书里提出来的。这本书的作者是斯坦福大学人生实验室的两位创始人，比尔·博内特和戴夫·伊万斯，他们不仅是硅谷著名的创新者，也是知名的人生设计师——他们开设的人生设计课是斯坦福大学近年来极受欢迎的课程。这两位教授认为，人生并不存在唯一的最优解，人生也不可能被完美规划，但是理想的人生就和苹果手机一样，可以运用设计思维创造出来，经过不断尝试、犯错、失败，得到一个越来越接近理想的产品。

上面的三个问题，其实就是在引导你去设计三个不同版本的人生。

第一个问题，对应的是你现实版本的人生。大部分人被问到这个问题，都会根据现在的生活轨迹，去规划 5 年后的生活。

拿我自己来说，我会希望 5 年后的自己成为一个被更多人知道、更有影响力的知识型博主，希望自己可以完全自由安排自己的时间、和自己的家人在任何喜欢的地方工作生活。有人可能会希望 5 年后成为公司的中层领导者、成为一个母亲或是成功跳槽转行——这也意味着你不喜欢现在的工作。这个问题，其实是在帮助你分析测评你对目前生活的满意程度。

第二个问题，对应的是你第二个版本的人生。这个问题其实是在问你，如果可以重新选择，你会选择什么样的职业和人生方向？

我现在从事自媒体的内容创作，虽然我并不觉得这个行业会消失，但退一万步讲，如果自媒体消失了，我想我依然会选择从事与内容创作相关的职业。如果可以重新选择，我大学可能不会选择新闻传媒专业，或许会选择进入文学系，将自己的“文艺细胞”培养到底，看看我能不能成为一个正儿八经的文学作家或是编剧。很多人可能因为不满意自己现在的职业和收入，如果能重新选择，大概率都会选择金融、计算机等高薪行业相关的专业，这种出于现实情况的考虑也没什么错，这个问题会帮助你认识到你现在缺乏的东西和真正看重的东西。

第三个问题，对应的第三个版本的人生，实际上是你放飞的人生图景。

如果不用考虑钱和任何其他因素，我希望成为一名创作型歌手。这个答案是不是很意外？我小时候学过一段时间钢琴，很遗憾没能坚持下来，内心好像总有一颗关于音乐的种子没能萌芽。我当然知道音乐创作需要极大的天赋和坚持，要花费不少的金钱，成功之路也格外拥挤，但如果这些通通不考虑，我会觉得能够自由创作音乐、用歌曲表达自己是一件快乐的事。为了这个梦想，我决定从现在开始存钱、花时间学习演奏乐器，可能未来的某一天我真的能创作出属于自己的音乐。

这三个问题，其实都是用来进一步加强你拥有多种可能性选择的意识，能够释放你的想象力，跳出当前生活的框架，而不是照着保险公司在推销保险产品的时候经常使用的那种人生计划表来制订自己一生的目标，仅仅以现在的收入为基准，计划多少岁结婚、多少岁生子、多少岁开始退休养老……越是缜密地计划这一生，就越容易被条条框框所束缚，人生也就成了定式。

因为理想生活本来就没有一个标准的定义，不是拥有一个商业帝国才算成功，也不是儿女双全就是人生赢家。真正成功的人生，是过上你自己想要的生活，这个答案，只有你自己知道。

通过给自己设计三个不同版本的人生，你或许会发现自己内心真正所爱。因为有了要实现的目标，并不断提醒自己这个目标，自然而然就会减少无用的消费，离理想生活越来越近。

你想要的生活，只有你自己知道，也只能自己争取，自己掌握。

2. 想提前退休，需要多少钱

提到退休，你会想到什么？

传统的想法可能是这样：在格子间里每天朝九晚五上班，每年休假 14 天，卖力工作赚钱，工作 40 年后终于可以退休，再也不用工作。然后可能和老一辈一样，用国家给的退休金和自己辛苦攒下来的养老金去住疗养院，养花养鸟。

不知道你听完怎么想？我的第一感觉是，天哪，我辛苦工作一辈子就为了这样的退休生活？未免也太无聊了吧？等到我退休的时候，人也老了，身体也衰退了，很多想做的事情还来得及做吗？

这个时代，似乎人人都想财富自由、提前退休，想脱离朝九晚五，甚至“996”“007”的痛苦工作，但是又有几个人真的去思考计算过，到底要赚够多少钱，才能提前退休？是可以支撑一趟旅行的 2 万元？还是一线城市一套房的 1000 万元？还是如很多媒体所说的那样，是一个普通人根本就无法达到的天文数字？

你有没有想过，为什么生活要分先后顺序？为什么要先天天重复做无意义的事，等到 40 年之后才开始真正享受生活？可不可以不等到人生的尽头、身体退化的时候，就开始真正的活着？

你可能不知道，现在很多人已经开始这样做了。

欧美国家现在有一个很流行的运动，叫“FIRE”。FIRE是“Financial independent, retire early”的简称，也就是财富自由、提前退休。FIRE不只是一个空洞的概念，而是提出了一个切实可行的让自己实现提前退休的财务计划。这个计划分为三步:

第一步，首先你需要知道自己一年的生活开销到底是多少。

又要强调记账的重要性了。如果不记账，你可能无法知道自己每个月到底要花多少钱。这里的花销不包含奢侈性的娱乐消费。

第二步，用你一年的开销乘以25，得到你需要的退休总基金。

为什么是乘以25？这里是按照4%的年化收益率来计算——4%算是一个比较容易达到的投资理财收益，随便把钱放进余额宝、零钱通，就有2%~3%的年化收益，4%可以说是大部分人都能很轻松达到的目标。如果有了4%的收益率，那么每年就可以用投资产生的利息来生活了。

打个比方，我之前在北京的时候，一年大概需要10万元的基础生活费（包含住房、交通、饮食和必要的社交活动），那么我需要努力存够10万元×25=250万元的退休总基金，这样我就可以每年获得250万元×4%=10万元的利息，足以覆盖我的基本日常开销，完全不用依赖工作产生任何收入，也可以生活了。

这里可能会有两个问题。第一个问题是，250万元连一线城市的一套房都买不起，难道一线城市买一套房，就可以实现退休?

这里要注意的是，退休基金指的是可以不断产生收益的本金，你必须在不影响本金的情况下每年提取收益，才能覆盖你的日常开销。如果是自住的房子，自然不能算在退休基金里，因为你在使用房子的过程中是无法产生额外收益的。但如果是投资的可以收租的房产就不一样了，你只需要提取房子产生的租金，房子本身不受影响。

第二个问题是，通货膨胀不用计算吗？事实上，4% 是一个几乎不用付出任何努力就能达到的收益率，只要稍加努力，获得更高的收益完全可能，也足够应付通货膨胀。不过也要知道，FIRE 里给出的只是一个较为粗略的、适合大部分人的计算方法，每个人都可以根据自己的实际情况加以调整。

第三步，明确你想在多少年内实现退休，这样可以算出你每个月需要存多少钱到你的退休基金里。

以 250 万元的退休基金目标为例，如果你想在 10 年内实现退休，需要每年至少存 25 万元，每个月存 2 万元。

也许这对于目前的你来说仍旧是一个比较难达到的数字，但无论如何，财富自由、提前退休在你心里终于有了一个具体的数字和目标，而不再是模模糊糊的一个妄想了。

FIRE 网站上有很多真实的提前退休的成功案例。例如美国加州的一对 28 岁的年轻夫妻欧文和阿利，两人都是硅谷大公司的工程师，加起来一年收入 25 万美元。但他们在社交网络上坦诚表示："在别人眼里我们是加州高收入的工程师，但只有我们自己知道我们并不快乐。我们不愿困在办公室桌前，只为了赚钱而工作，而想更亲近生活和自然。"

当他们得知 FIRE 运动后，便有了切实的目标。这对夫妇开始为提前退休存钱：每月只在外面吃一两次饭，节省了很多的饮食开支；卖掉了原来的车，买了一辆更便宜、更省油的车，这意味着又节省了几千美元；他们还花了 27 万美元在加州买了一套四居室的房子，但不用自己支付房贷，因为他们把其中的三间卧室都租了出去。

看上去好像生活水平大打折扣，但其实他们丝毫不受到影响："我们减少开销，减少外出就餐的次数，但这并没有减少我们的快乐。我们自己烹饪食物，这让我们有更多的时间在一起。"

建立了一定的财务基础后，他们终于放弃了让人羡慕的中产白领生活，辞去了工程师的工作，花 8800 美元购买了一辆房车，并开始了环绕全美国的旅行。住在房车里，他们开发了在线课程、分享他们的理财经验，一边旅行、一边生活。

说完这个真实的 FIRE 故事，或许你也可以想想，你想什么时候退休？有多想？你愿意做出什么实际行动来实现提前退休？

3. 数字游民与地理套利

说到提前退休，就不得不提到数字游民与地理套利了。

地理套利，简而言之，就是利用你的地理优势让你的钱发挥更大价值。也就是说，我们要学会利用两个地理位置之间的成本差异，用低成本去过高质量的生活。比如你可以在经济实力较强的地区（如国内的一线城市或发达国家的大城市）赚钱，在经济较弱的经济体（如国内的三四线城市或东南亚国家）消费。

我最早知道地理套利，是在美国的时候，听说许多硅谷的程序员选择搬离物价高昂的旧金山，去到生活成本更低、物价更便宜的国家（例如东南亚地区的国家）生活；与此同时，他们通过网络工作，继续赚着美元，利用汇率差带来的优惠过奢华的生活，这就是典型的地理套利。就好像拿着七八千元的月薪的人，在北京、上海属于底层，会过得比较憋屈；但如果去到东南亚生活，依旧可以为北京、上海的公司工作，拿同样的薪水，这笔钱便变得值钱了。

能够这样不受地理限制，只要有电脑有网络，可以在任何地方工作，工作与休闲没有鲜明界限的人，就是“数字游民”。

1997 年，索尼前 CTO 牧村次夫和大卫·曼纳斯合写了一本书，叫《数字游牧民族》，于是“数字游民”这个名词就诞生了。和传统的游民一样，数字游民也是持续性地在旅行，从一个国家到另一个国家，但和一般旅行不同的是，他们在旅行、生活的同时，也在继续工作。数字游民中有一些是某家公司的远程员工或兼职员工，另一些则是有一技傍身、可以通过网络工作的自由职业者，例如设计师、作家、自媒体人、程序员等，还有一些创业者，有着自己经营的线上业务。

初次听到这个词，你可能会觉得美好得不真实，但实际上，越来越多的人过着这样的生活，全球的数字游民社群也正在日渐壮大，最大的数字游民社群则集中在泰国的清迈与印尼的巴厘岛。尤其是疫情以来，远程办公正在成为一个不可逆转的大趋势，数字游民这种生活方式也变得更加容易触达。

我从硅谷回国后的四年，一直生活在北京。北京和旧金山一样，房价、物价等各项成本都很高。虽然在北京的这几年我过得非常充实、丰盛，但也不得不承认客观事实，我也觉得有一定的生活压力。

在北京的时候，看到身边朋友们一个一个稳定下来，工作平稳上升，打算结婚准备买房，而我自己，虽然身边有相爱的伴侣，却好像看不到和大部分人一样的安稳未来。之前很多人跟我说，我现在之所以可以随心所欲，想去哪儿就去哪儿，是因为我还没有孩子。等之后有了小孩，就不得不考虑稳定下来承担起家庭的责任，因为所有人都这样。

我之前也一直对这个说法深信不疑，但走过的地方越多、接触的人越多，就越觉得，并不是所有人都只有一条生活路径。每条路都有好、坏两面，但关键是，你想要的是哪条路。

我开始尝试数字游民的生活，一方面是因为我辞去了北京的工作，另一方面是受到他人的启发，我在网上看到一位自己一直很喜欢的瑞典小众品牌的创始人，在纽约生活了五年之后，竟然拖家带口搬到了巴厘岛。

这个品牌的创始人和我妈妈的年纪差不多大，有三个女儿，其中最大的一个刚上高三，最小的一个才上小学五年级。这事儿让我挺吃惊的，50 多岁的人了，竟然说走就走，而且还是带着全家一起出走。在我们的文化里，是不是显得太不负责任了？但她在家庭与事业兼顾这块做得非常好。在事业不断发展的同时，她也最大限度给三个孩子创造了自由成长的环境。每一次搬家，也都是全家商讨共同决定。在这样的环境中长大的孩子们，见的世面广、体验探索更多，早早知道自己的爱好，也独立得很早，但同时，在相对单纯的社会中，又得以保留天真。

我想起曾经看到一个博主说，如果抛开阶级差异，文化差异真的没有那么大。全世界的穷人都在被雇佣、焦虑，而有钱人都在全世界做生意，把孩子送进最好的学校。虽然看上去有点不公平，但的确是现实。话又说回来，主动权终究是在每个人手上。人生会得到一些东西，也总要放弃一些东西，我们总是在这样不断地取舍中找到属于自己的平衡。

在我 28 岁的时候，我终于下定决心离开北京，也想尝试一下数字游民的旅居生活方式。于是，我和我老公买了两张北京到曼谷的单程机票，就这样开始了数字游民的人生体验。

之所以选择东南亚，是因为那边物价非常低，且生活质量很高。我之前做过一次曼谷的短途旅游，一到曼谷就被震惊了。这里根本就是一个不输香港、上海的大都市，但是生活成本大概只有它们的 1/3。当时我就忍不住在心里想，要是能在这里生活上几个月就好了。所以我决定做数字游民的第一站就选在了曼谷，在这里，只需要 2000 元人民币的月租金，我就可以租到市中心的一居室公寓；即使是去不错的餐厅吃饭，一顿饭人均也不过四五十元人民币。

我在吉隆坡生活的时候，也住在一个非常现代的酒店公寓里。公寓的位置很好，周围有大商场、超市、各种餐厅酒吧和夜市，楼里还有超级豪华的游泳池和健身房。从这里步行到双子塔不过 20 分钟。这样一个公寓，即使是日租，一天的房租也只要 100 元人民币。如果长租，价格还会更低。

选择这样的地方生活，开销大幅降低。在东南亚，一年只需要 5 万元就可以过上不错的生活，这就是地理套利和数字游民的魅力。

并且，地理套利并不总是需要出国，在国内也是可以的。2020 年，因为疫情，我没能继续我的旅居生活，暂时回到了家乡重庆。从上大学离家后，这是我第一次回到重庆生活，发现这里也是一个生活成本很低、生活质量很高的城市。

我还听说过一个最佳的地理套利的现实生活案例。有人从美国旧金山搬到湾区北部的奥克兰，仅仅十几公里的距离，每年却可以节省 8000 美元的房租！同理，我身边也有朋友在疫情之后，从上海搬到了苏州，在家远程办公，一周坐高铁来回几趟即可，省了很多房租。

所以，现实生活中充满了地缘套利的机会。

住房费用其实是我们大部分人排名第一的费用，所以不如想一想，你是不是也有可以在当前所在的地区节省住房费用的方法？

换个思路，或许实现梦想并不需要太多的钱。

4. 你想要短期的旅游，还是长期的自由

我一直以来都非常热爱旅游。之前在一部美剧里看过一句台词，印象很深刻：“房子是我们为自己打造的牢笼，就像车和智能手机。我们以为有了这些会变得更聪明，其实反而更笨了。在旅行中，你不断遇见新的城市，获得重新拥抱自己国家的机会，而不只是在电视上或者网上看到的那样。”

正所谓“生活在别处”，三四天的旅游就可以让自己逃离枯燥乏味的日常生活，重获新生。从我工作以来，除去日常开销，我有很大一部分花费都用在了旅行上。只有要假期，不管是三天的端午假期还是七天的国庆长假，我一定不会在国内待着。印度小山村里的冰冷的空气，加勒比海翠绿的海水，土耳其迎着日出的热气球，斯里兰卡午夜璀璨的星空，那不勒斯仿佛火焰般鲜艳的晚霞……很多个这样的时刻，我都觉得自己又重新从高压的都市生活中活过来了。

然而几天之后结束假期，坐红眼航班飞回国，有时候还因为时差，需要从机场直奔公司打卡上班，瞬间就被打回冷冰冰的现实。

很长一段时间里，如果被问到梦想是什么，我会回答，环游世界——这可能也是大部分年轻人的回答。

如果实现财富自由，再也不用工作，每天游山玩水去不同

的地方感受新奇，不用着急第二天结束假期回去工作，该有多好啊！

一本书的出现改变了我的想法。这本书是我在读了《富爸爸穷爸爸》之后，再一次刷新我三观的书，叫《每周工作 4 小时》。书里说，旅行只是选择之一，我们的终极目标是为自己多争取一些自由的时间和空间，并在任何地方都能享受它们。

换句话说，短期旅游不过是我们为了面对长期高压工作，给自己制造的止痛药，但实际上“治标不治本”，短暂休息之后，我们依然需要回到工作岗位。我们应该追求的其实不是短期的旅游，而是长期的自由。

《每周工作 4 小时》的作者蒂莫西・费里斯在书里讲述了自己如何从一个每天工作12小时、每周工作6天、以“玩命工作”的敬业精神为自豪的工作狂，蜕变为一个每周仅工作 4 小时的有钱有闲人士。虽然工作时间减少了很多，但他的月收入却上升到5万~10万美元。与此同时，他可以舒舒服服地环游世界，做一个超级数字游民。他在阿根廷赢得了探戈比赛冠军，在欧洲玩摩托赛车，在巴拿马潜水，在日本学习马背骑射……

蒂莫西认为，少做并不意味着懒惰，重要的是高效，而不是忙碌。我们完全可以通过合理分配时间，只做重要的事情以减少工作时间，同时通过减少设定的工作时限来做最重要的事情。

这个观点有点像管理学中的“帕金森法则”：任务的重要性和复杂度与所分配的完成任务的时间密切相关。简单理解就是，同样的任务，如果给你一周去完成，你需要保持高效的工作节奏；但如果给你两个月的时间去完成，就变成了一场精神磨难。因为短时限要求精力高度集中，这样做出来的产品通常比长时限下做出来的好，甚至质量更高。很多情况下，因为每天有 8 小时的时间要填满，我们才会用 8 小时去完成工作。但如果有一件紧急的事情需要我们在 2 小时内做完，神奇的是，我们往往会在 2 小时之内出乎意料地完成工作。

所以，蒂莫西觉得工作不应该占用我们全部的时间，工作和生活、娱乐、休闲的界限也没必要那么明确。直到今天，他也一直在实践自己提出的理论，过着他书里写到的生活："告别朝九晚五，旅居世界各地，迈入新贵阶层。"而所谓"新贵"阶层的财富，在他看来不是金钱，而是时间和自由。

就如同他在书里说过的一句话：人们根本就不想要 100 万美元，人们想要的是那 100 万美元能买到的生活体验。

我曾经也以为追求财富自由，是为了再也不用工作。但后来我体验过没有工作时无所事事的生活，发现自己根本就闲不住。我在东南亚旅居的时候，渐渐发现去海岛、去度假村、去曾经向往很久的城市，都不再能那么令我感到兴奋了。我更想与人产生联结，要创造价值、学习新东西、找事情做，总觉得人不能闲着，得找点事做。

很多人觉得工作很久之后去海边休息一个星期是给自己充电，但如果真让你在海边休息一年什么也不做，我相信绝大多数人都不会喜欢这样的生活。短暂的休息会让你保持对假期的新鲜感，但是无限延长的休息，只会带来消极和懒惰。

即使你有了很多钱，每天无所事事，也并不会给你带来快乐。人生一旦失去目标，就连曾经我们最热爱的旅行，最终也只会变成日复一日的打磨时间罢了。

哲学家蒙田说过："有那么一段时间，我在家中闲居，尽可能地不让自己被俗务缠身，我本以为，什么都不干，只是凭着自己的喜好，就可以怡情养性。可是，事实跟我料想的不太一样，这样的状态维持得越久，我的心就越沉重，越难以振作。"

所以，我们所追求的财富自由，并不是要逃离工作，而是要改变工作的意义。

现代社会常常强调“工作生活平衡”，是因为我们在潜意识里把工作与生活当成了两个对立面。工作是为了赚钱，而生活是为了放松。但是大部分人放松的方式，不过就是消费，然后为了填补放松带来的缺口，继续玩儿命赚钱。

但是，当我们观察整个人类历史，就会发现，那些度过幸福一生的成功人士，大多是没有工作与生活的边界的。他们热爱工作，也热爱生活，他们在生活中愉快地工作、创造价值，也在工作中放松地享受生活。

疯狂工作然后用旅游麻痹自己或是工作几十年后彻底退休对于他们来说都不够理想，他们追求的是最基础的财富自由和更重要的时间自由。

比如有些人会选择“兼职退休”：在退休后，做一些兼职工作，例如做自媒体、写小说或者去咖啡店或青年旅社打工，做自己喜欢的同时也能赚到一点钱的事情。这样不仅可以有效利用时间，还可以增加资金收入。

还有的人会选择“间隔退休”，有点像我们常说的间隔年，就是在人生的任何阶段都可以暂停，而不是非要等到自己达到一个硬性的前提条件。

前面提到，如果想彻底退休、完全靠利息生活，你需要存够 25 倍于一年生活费的费用。但是，如果你只要间歇性退休一年或是两年呢？那你只需要存够接下来一两年的金钱，就可以提前去体验退休的生活。

例如，我在北京一年的生活费是 10 万元，我只需要存够 10 万元，就可以给自己一个间隔退休年，即使不做任何与赚钱相关的事情，也不用担心自己的生活受到影响。在此基础上，拥有充足的时间去探索、尝试，发现自己的热情所在，让工作和退休生活交织在一起。

兼职退休、间隔退休的目的其实都是为了更高效地工作，也都是一种寻找、探索、创造的旅程。你也完全有可能在体验退休之后，发现退休生活根本不需要你以为那么多的钱——就和去到东南亚旅居之后的我一样。

比如现在的我，就对短期旅游不那么感兴趣了。我去过很多国家和城市，但在我看来，如果只是几日的观光旅行，即便再深度地旅行，都无法真正地和一座城市建立深层次的联系。旅游仿佛一个美好滤镜，你看到的大多数风景是这个城市精心准备、要展现给游客的最美好的一面。而只有住在一个地方，在那里生活，看过它的美丽与友好，也看过它卸下妆容的另一面后，你才能真真切切地爱上它。因此，旅居生活是一种完全超越于旅游之上的优质体验。

例如我在泰国、越南、马来西亚、印度，每个地方一住就是一个月。时间很充裕，每天也都过得很充实。在吉隆坡，比较多的日子里，我会早起去楼下的便利店吃个早餐，然后找一家舒服的咖啡店，点一杯冰拿铁坐一整天，做设计、写代码、写作、剪视频、研究投资。傍晚没有那么晒的时候，就出去走走逛逛，去附近的夜市找一家小餐馆吃个晚餐，然后回家继续看书，有时看一部电影或者美剧。偶尔去电影院看场电影，逛逛美术馆，路过不同的商场进去逛逛，跻身游客当中感受热闹，也很开心。

现在的我每周工作时间其实也不算长，我不用再身心疲惫地加班，也不再无所事事，而是能够在生活里获得工作的灵感，又在工作中表达我对生活的感悟，这样的状态让我感到非常满足。因为时间可以自由安排，当我想旅行的时候，我可以随时出发，换一个城市短暂生活，认识新朋友，在新鲜的环境中产生与一座城市的连接，当然，也可以在各式咖啡店里工作，这和以往那种观光式的旅游完全不同。

这就是拥有被动收入后的好处——一定程度的财富自由下的工作，可能是为了自我实现、获得成就感或是追逐自己的兴趣，而不是只为了赚生活费，也不会只以金钱报酬为衡量标准。你可以一边旅行，一边工作，一边生活。你不再需要用旅游来麻痹自己，因为自由已经成为你长期的状态。

我们想通过投资理财实现财富自由、提前退休，并不是只关心银行余额，而是要学会用钱买回我们的时间，去过自己真正喜欢的生活。在这个过程中，真正重要的不是赚到多少钱，也不是走过多少国家成为旅行达人，最重要的是知道自己要什么，并拥有选择的能力。

下一次当你很想去旅游的时候，不如回想一下我们前面提到过的延迟满足。说不定放弃这一次的旅游，把这笔钱换成一份能带来收入的资产，也许它会在几年后为你带来随时随地享受旅行的自由生活。

第五章

多元收入与斜杠人生

1. 你有斜杠身份吗

如果说前四章主要是讲理财的心态方面，重点在节流，那么从这一章开始，我们将正式进入开源的部分。

“斜杠”这个词大家一定都非常熟悉了，指的是一种不再满足专一职业，而选择拥有多重职业和身份的多元生活方式。斜杠来源于英文 Slash，也就是“/”符号，这个概念出自《纽约时报》专栏作家麦瑞克·阿尔伯撰写的书籍《双重职业》。很多人在自我介绍中会用斜杠来区分自己的多重职业身份，例如我们知道的很多明星，都不止一个身份。比如赵薇，是演员/导演/酒庄老板娘；海泉，是演员/制片人/投资人……

不光是明星，普通人中也有很多人拥有斜杠身份，他们可能有份朝九晚五的稳定工作，在工作之余会利用才艺优势做一些喜欢的事情，并获得额外的收入。你身边或许也有这样的朋友，他们白天是银行职员，晚上写自己的公众号；或是白天在外企上班，下班后经营自己的餐厅或酒吧。

斜杠一词现在在全世界范围内都很流行。例如 2018 年日本的劳动改革，打破了人们对员工的传统认知。以前企业要求员工成为 T 型人，也就是在某个领域具备专业知识，拥有单一的收入来源；2018 年开始，日本鼓励员工成为 H 型人，鼓励他们具备至少两种专业能力，并能通过这样的技能获得收入。

这里需要强调，并不是所有的身份都叫斜杠身份，只有拥有多个收入来源才能称之为斜杠，因此一个斜杠应该代表一种收入。

比如有人说："我既是一个妈妈，也是一个妻子，我也是斜杠人。"妈妈和妻子的确都是不同的社会身份，但却不能算作斜杠，因为这两种身份都不能带来收入。

再比如有人下班后报了一个舞蹈兴趣班，就说自己是斜杠舞者，其实也不成立。仅仅只是接触了某个领域，还没有通过长期投入让自己获得直观的收入，并不能标榜为"斜杠"。

所以，成为"斜杠"并不是一件容易的事情，毕竟任何一种技能的获得都离不开长期的坚持付出以及严格的自律。但"斜杠"也值得我们每一个人去为之努力，因为它不仅能增加我们对抗未来不确定性和突发事件的筹码，也能帮助我们在保持现有收入的同时，去尝试找到自己真正热爱的事情。

如何发展出斜杠身份？主要可以从以下两个方向来思考：

第一，从自己的兴趣出发。

大部分人的斜杠都是从自己的兴趣爱好开始的，这样既能够保证自己有稳定的收入来源，又可以做自己喜欢的事情。所以，你需要先了解自己有没有一种在没有任何压力的情况下最喜欢做的事，你甚至会为了这件事废寝忘食？

拿我举例，我的第一个斜杠身份是兼职的英语口语老师。发展出这个斜杠是因为我日常最喜欢做的一件事就是看美剧，有时候会熬夜看到半夜，我的英语口语水平也是这样提高的。每当有人问我怎么学好英语，我的答案都是看美剧。因为身边朋友都知道我英语好，后来当他们有朋友想学英语的时候，就会找到我，问能不能向我付费练习口语。向我学习英语口语的有正在备考出国留学的高中生，也有要精进口语的世界五百强企业高管……我就这样有了第一个斜杠身份。

再比如，我有个朋友是健身达人，一天不健身就浑身难受，健身房就是她除了家和公司以外花时间最多的地方。后来她抱着娱乐的心态考了一个证书，也收到了她经常去的健身房的邀请，成了持证上岗的兼职健身教练，开始了上班写代码、下班带人“撸铁”的斜杠生活。

如果你想拥有斜杠身份又不知道从何开始，那么第一步就是可以着重发展自己的兴趣爱好，当你愿意为了一件事花时间去钻研、精进自己能力的时候，就已经有了发展斜杠身份的可能。

第二，从自己的主业出发。

人们对自己从事的本职工作总是最熟练的，从主业出发、发展与之相关的事务，也能从中找到斜杠的可能。

这样的例子就更多了。比如我有个朋友本职工作是会计，因为工作需要去考了注册会计师，在备考的过程中积累了很多经验和资料，考试通过后，她发现很多人在备考时不仅需要备考资料、笔记，更需要考试的经验，于是她开始在二手平台出售自己的备考笔记，并发展出了一个副业——工作之余在网上给备考的人做培训。她白天是会计师，晚上是注会考试培训老师，随着学员越来越多，她的斜杠收入甚至远远超过了她的本职工作收入。

我还有个朋友，做了十几年的人力资源工作，经验丰富，身边朋友要找工作时都会请他帮忙优化简历。于是他索性在某平台上贩售自己的这项技能，专门为求职中的年轻人提供咨询，提供简历修改、面试辅导等服务，收入十分可观。

当你不知道做什么的时候，不如专心做好目前的主业，打磨好自己的专业技能。当你在自己的专业领域做得足够好、足够拔尖，你都不需要主动寻找，源源不断的斜杠机会自然就会找到你。

不可否认的是，也有一些人并不赞同斜杠的趋势。斜杠的反对者们最常用的反驳理由就是，人一辈子精力有限，所以与其什么都尝试，我们更需要的是专注，否则就会像狗熊掰棒子，掰一个扔一个。

实际上，这个世界上的大部分事情并不需要我们投入一辈子的时间去钻研才能做好。专注固然是没错的，但很多人把大把时间浪费在刷朋友圈、追剧、购物上，所谓的专注只不过是他们偷懒的借口和自我安慰罢了。我身边有很多优秀的斜杠青年，他们不仅主业做得好，还利用业余时间发展起了多个副业。所以，想拥有斜杠身份，不存在时间不够这回事，关键还是看你怎么用好下班后的时间。

斜杠身份虽然听上去很酷，但是需要极强的自律和努力，如果没有足够耐心，只有三分钟的激情，最后可能不仅浪费了时间，还影响了你的主业。

所以，我并不是要鼓励所有人都要立刻去发展斜杠身份，你可以做的是，从现在开始换一个新的思路，不去抗拒人生的各种可能性，思考自己是不是可以在本来的职业之外，拥有另一种完全不同的身份。当某天你的斜杠收入赶上或者超过了上班收入，那么你就可以成功地把喜欢的事情变成自己真正的事业。

2. 打造被动收入

《富爸爸穷爸爸》里有一个经典的“收入四象限”理论。虽然我们周围的人从事形形色色的职业，有各种各样的收入来源，但是归纳一下，财富获取的渠道大致都可以被归到四个象限里，分别是 E 象限、S 象限、B 象限、I 象限。

第一象限 E 指的是英文单词 Employee，是雇员的意思，也就是我们常说的“打工人”，这个象限的收入来源主要是出卖时间和劳动力的工作收入，比较固定。

第二象限 S 指的是 Self-employed，是自雇者的意思，也就是自由职业者，例如自由作家、自由设计师、独立小摊贩等，收入相对一象限可能更高，也可能更不稳定。

前两个象限的收入，我们一般都称之为主动收入，因为它们的本质都是通过时间换取收入，需要付出主动的劳动。即使 S 象限的人相比 E 象限对自己的收入有更多主导权，但依然是开工就有钱赚，不开工就没钱赚。

从第三象限开始，收入的性质就开始发生变化了。第三象限 B 指的是 Business owner，也就是企业家，他们的收入主要是企业经营的利润、分红等。企业家与自由职业者的区别在于自由职业者更多是自己给自己工作，而企业家通常会雇佣他人为自己工作，从而完全解放自己的时间和劳动力。

第四个象限I指的是Investor，也就是用钱生钱的投资者。我们都知道的股神巴菲特，他的职业就是投资者。像这样的投资者还有许多，例如投资了阿里巴巴的软银老板孙正义，没有工作、靠租金收入生活的房东等。如果说企业家是通过让他人为自己工作而产生收入，那么投资者就是通过让钱为自己工作而产生收入。

第三象限和第四象限的收入，我们称之为被动收入。顾名思义，就是你不需要主动付出时间与劳动力也可以有收益，一个更为形象的叫法是“睡后收入”——躺着也有钱赚。

这四个象限在很多时候也有交集，例如很多歌手、演员原本只是自由职业者或打工人，在有一定名气和财富基础之后选择自立门户经营公司，成了企业家，既有二象限的收入，也有三象限的收入；也有很多企业家在赚钱之后会进行投资，既有三象限收入，也有四象限收入。

我们追求财富自由的过程，其实就是不断为自己创造被动收入的过程。当你的被动收入足够覆盖你的日常生活所需，就可以说你实现了财富自由。这个时候你的主动收入，只不过是锦上添花。

虽然绝大部分的普通人经过努力都不一定能进入企业家象限，但是我们至少可以努力让自己拥有1~2个被动收入来源，获得更多个象限的财富，摆脱一辈子打工、拿死工资的尴尬与风险。

被动收入的来源很多。我们常说人不能吃老本，现代社会竞争激烈，需要持续不断让自己保持进步、保持活跃。话虽没错，但如果单从被动收入这个角度来说，“吃老本”并不是一件坏事，通常只需要付出一次努力，便可以获得长期收益。

总结起来，普通人拥有被动收入的途径大致可以分为以下两个：

（1）通过创作获得回报

写了一本畅销书的作者，可以通过每年图书的加印获得版税。比如第四章里提到的《每周工作 4 小时》的作者蒂莫西·费里斯，光是这本书的版税就足够让他实现财富自由。有一首经典歌曲的歌手，可以通过出售音乐版权不断获得收入，电影电视剧也一样。《老友记》这部火爆于 20 世纪 90 年代的经典美剧，几十年过去了依然大受欢迎、不断复播。6 位主演除了能拿到当时就高达几百万美元一集的片酬，直到现在每年还可以分到上千万美元的版税，相当于一次创作带来了一辈子的被动收入。

如果你说，写书、写歌、拍电影对普通人来说太难了，那也可以通过创造一个产品的方式给自己带来被动收入。例如，有一位在数字游民圈里很有名的美国独立创业者，名叫皮特·莱维斯，他创建了一个给所有想旅居的人检索全世界各大城市是否适宜旅居的网站（http://nomadlist.com），有点像旅居版的“大众点评”。他借此获得了会员充值、广告等收入，不过短短四年的时间，他就实现了靠一个网站一年“躺赚”100 万美元的梦想。

如果这对于你来说还是太难，还有一些门槛更低的方式，比如人人都能做的自媒体。我开始做自媒体之后，发现在一些视频网站上传原创作品可以获得平台广告收入的分成，也就是说，如果你创作了一支视频并且被反复播放，作为创作者的你就持续不断有钱拿。除了视频，还有课程等也是类似的。以我为例，我在 2020 年花了几个月时间创作的一套理财课程，直到现在仍然在给我带来被动收入。

有些人可能不认为在网上发视频、做自媒体获得的收入是被动的，因为毕竟你还得为此花时间拍摄、剪辑。但是，当我完成一个视频后的连续几个月都还有钱收的时候，那就妥妥的是被动收入了。当你获得的收入，超过了你为这件事付出的时间价值时，就可以算作是被动收入了。

现在已经有越来越多的人开始通过视频或文字表达自己的观点赚取浏览量获得广告收入，通过在网络上出售自己的专业技能做成的课程来获得收入了。只要你有一定的创作能力，并勇于尝试，产生一定的影响力，一定都可以找到自己的被动收入来源。就像现在我们常说的，人人都可以做自媒体，再小的个体都有品牌。虽然并不是所有人都有创作内容的天赋，但每个人肯定都有某些一技之长，只要意愿足够强，都能以某种方式赚到钱。你可以先从斜杠开始，再逐渐把斜杠收入转变为被动收入。

并且，创作的回报不仅仅停留在金钱上，你也许会在创作的过程中发现更多机遇。

（2）通过钱进行投资

很多人看到“投资”二字，要么觉得风险太大、不适合普通人，要么觉得本金要求太高、自己没有足够的资金。

其实，通过投资企业获得利润分红，通过投资优质市场的房产进行收租，这些都是稳妥的被动收入来源。如果没有足够本金投资房产、企业，也可以通过投资基金的方式创造被动收入，而且这种投资方式需要的钱并不多，甚至只要 10 块钱就能开始投资——这部分我们会在本书的第八章详细展开。

我在 2019 年投资了一家酒吧，早期筹备开业和前期的经营都花了一定精力，但在生意逐渐走上正轨后就不太需要额外的投入，它就成了我的一份不错的被动收入。此外，我在国内外买的几套房子，每月的租金可以带来不错的收入；更不用提基金、股票等金融产品的投资带来的被动收入了。这些事情都足以说明，并不是要成为股神才能在股市赚到钱。

每个人都要睡觉休息，但你的钱、你创作的内容不用休息，它们可以24小时不间断地工作。如果你能让你的钱和你创作的东西为你工作，在你睡觉休息时也可以给你带来现金流，哪怕一开始不是太多，你离财富自由和理想生活就又近了一步。

3. 顺流致富：赚与你最有缘的钱

可能很多人在学生时代，都经历过偏科，我曾经就是。

我是典型的文科生，常常语文考了全校第一、作文拿满分，但数学只考了及格分。老师不断在我耳边强调："偏科就等于一条腿长一条腿短啊""一只水桶能装多少水，都取决于它最短的那块木板啊"……于是，为了提高总成绩、考上更好的学校，我拼命在数学上加大时间和精力，请家教、上补习班，集中精力补短板。而语文就直接忽略——因为即使不用花太多时间，我也可以考得高分。这种忽略优势学科、专注弱势学科的方法，在应试教育的体制下，的确可以帮助我更快拿到理想的总分数。

然而工作之后，我才发现这种模式不再适用了，木桶理论也不再是绝对的真理了。一只木桶能装多少水，不仅仅是取决于最短的短板，也要看你的长板到底能有多长，以及板和板之间的协同效果。

以写作为例。作为文科生，也许是因为我学生时期非常喜欢看书的缘故，使得我很擅长写东西，也很喜欢写作的过程。身边朋友需要写文案、整理话术、修改文章的时候，总会找到我。每次有人问我："你是怎么做到那么快速写出那么多优质的文章的？"我觉得很难回答，因为我似乎并没有在写作这件事上付出太多努力。有一次看到一个朋友为了给自己的网站写宣传文案，在电脑前坐了一整天，抓耳挠腮写了一串在我看来逻辑都不算通顺的文字，我才意识到，哪怕只是简单的写作，也需要天赋。

再比如说销售工作。我曾做过销售工作，我发现那些销售业绩好的同事，大多性格开朗，十分善于与人交谈沟通，人缘也特别好。而销售业绩不好的同事，私下大都并不那么喜欢社交。所以，一个天生性格内向的人无论怎么勤奋努力，即使每天多拜访 10 个客户、多打 100 个电话，也不一定比一个天生性格外向的人做得更好、更得心应手。

从长期来看，如果总是把过多时间花在强化那些自己本来并不适合且做起来十分困难的事情上，而不是专注发展自身的强项，结果不仅会把自己搞得很累，也无法取得好的结果。

回想一下，大部分人，包括我自己，在一开始选择做什么工作、学什么专业的时候，通常会考虑以下三个问题："这个工作好不好做？""这个工作赚得多不多？""这个工作符合未来的发展趋势吗？"

乍一听上去好像也没问题，但我们却总是忘记考虑一个最重要的问题："这个工作适不适合自己？" 你是开朗外向，适合做对外与人打交道的工作呢？还是细心内向，适合做对内的行政工作？还是根本没想过，找到什么工作就做什么？

一位作家曾说："一个人如果难以在事业或财务上获得理想的成绩，通常并不是因为他不够努力、不够认真，不是因为他学到的信息不对或不够好，也不是因为他选择的方式无法让人赚到钱，而是学的东西、选择的赚钱方式并不适合自己。"

其实我们一生都在找方向，如果你现在觉得赚钱特别辛苦、工作特别痛苦，也许不是你的能力不够，而是你走错了方向，选错了工作。而过上想要的生活，就一定要走上那条最适合你且阻力最小的路，去赚跟你最有缘的钱。

这个观点最早是由英国社会企业家罗杰·汉弥顿在他的《顺流致富法则》这本书里提出的。作者汉弥顿基于他自己在创业过程中的失败和成功经验，写成了这本书。

全书的重点就在于“顺流”二字。根据书上所说，每一种类型的人都有属于自己的“顺流致富之路”，只要找到这条路径，并依照步骤去做，便能舒舒服服地在最短的时间内实现自己的财富梦想。

何谓“顺流”？我的理解是，顺着自己的热情、天赋和性格，找到适合自己发展的事业。放大优点，避开弱点，花费更少力气获得更大成果。也就是说，当你做着你热爱的、擅长的、适合自己的事，便会处于实现成功的阻力最小的路径中，也就是“顺流”状态内。

而对于不同类型的人，“顺流”的路径是完全不同的。汉弥顿在书里创造了“财富原动力”系统，根据不同的行为方式，把人分为了 8 种性格，又分别归为 4 个大的类型里，对应不同的财富创造关键。

这 4 种类型和分别对应的财富创造关键是：

（1）有创意的“发电机型”

这类人充满创造力，有远见，但不擅长把握时机；擅长开创性的事物，但缺乏耐心，执行力差。其财富创造的关键是建造更好的产品。他们擅长回答的是和“what（什么）”相关的问题。例如《哈利·波特》的作者 J.K. 罗琳、特斯拉的创始人马斯克等都是这类型的代表人物。

（2）善于与人交际的“火焰型”

火焰型的人活跃、精力充沛、反应灵敏且能通过引人注目的方式来快速积攒人脉、连接关系。他们外向，交际能力强，能在谈笑风生间看到创造财富的机会，但组织架构能力一般，所以得到机会后未必能把握住。可能是因为自我意识过强，这类人容易傲慢、引发争执、伤害他人感情。这类人财富创造的关键是创造独一无二的身份识别，建立有影响力的品牌，在正确的时间连接正确的人。他们擅长回答的，是和"who（谁）"相关的问题。我们知道的那些明星、博主，大多都是这类人。

（3）擅长感知的"节奏型"

节奏型的人对市场的敏感度很高，有极强的观察力和洞察力，议价能力强，可以同时从事多项任务，也容易观察到他人不注意的事情。但往往因为做事小心翼翼，而带来拖延、抠细节、速度慢、完美主义等问题。其财富的创造关键是低买高卖，买进并建立会增值的资产，然后默默坚持实现成果。他们擅长回答的，是和"when（什么时候）"相关的问题。典型的代表人物，就是股神巴菲特。

（4）有逻辑、注重细节的"钢铁型"

钢铁型的人能量高，有条理，也注重细节，但常忽视大局。喜欢独处，喜欢在安静的环境下工作，他们稳定、可靠、谨慎，处理事情通常深思熟虑、按时完成，也不轻易承诺做不到的事。他们擅长运用他们的细节导向和快速微调能力，在已有的制度中找到问题，不断地优化系统。所以，这类人财富创造的关键是创造更好的系统。他们擅长回答的，是和"how（如何）"相关的问题。那些知名的企业高管、职场精英，大多都是这类人。

知道了你是哪种类型的人，可以更好地找到自己的职场定位、个人成长定位、财富定位等。对定位了解得越透彻，越能知道该往什么方向走，事业、财富、人生都会相对更好地成长。

即使你现在已经有一份工作，也可以在不影响主业的情况下“顺流”，顺着自己的天赋去构建自己的副业，并争取未来将其转变为主业。

比如，如果你和我一样，是“发电机型”的创作者，那你创造财富的关键就是要创造出更好的产品、内容，可以尝试在工作之余开始创作，比如写公众号、拍视频；如果你是一名“节奏型”的积蓄者，那么你的致富轨迹应该是在努力精进自己的本职工作外，尽可能购买与构建可增值的资产，稳步创造被动收入；如果你是一名“钢铁型”的职场人，那就需要不断积累优化系统的经验，多去记录和总结每次改进的措施、效果，并慢慢试图输出这样的经验，从而对更多人产生帮助……

为了找到自己在财富原动力模型中的准确位置，你需要对自己有个全面的剖析与了解，寻找到自己的天赋强项，然后专注属于你的赛道。

在中国的传统思想体系中，金、木、水、火、土这五种元素，各代表了一种变化的状态，“财富原动力”将这五种状态称为“本质频率”。每个人都有一个主要频率，当我们调整到自己本质频率的频道时，正确的人、资源和机会也都会随之而来。这就是我们所说的顺流状态。当你发现身边有的人做某件事情特别得心应手时，你不用羡慕别人与生俱来的天赋，因为每个人都是独一无二的，你一定也有某方面的天赋，只是可能还没发觉罢了。

当你明确了自己要在什么领域创造价值，努力地去做相关领域的事，并把这些事做到极致，你就会慢慢赚到与你最有缘的钱，并为这个世界带去只有你才能完成的贡献和价值。

就如安德鲁·卡内基所说：“所有成功者，都是在挑选了一条道路之后就坚持到底。”

4. 你的核心资产是什么

开始做自媒体之后，我遇上过一个“小插曲”：我的小红书账号遭遇了一次突如其来的封号。

事情发生得很突然。一个合作方刚下好广告合作的订单，还停留在我的主页上，下一秒一刷新，主页就变成了“查无此人”。他急匆匆跑来告诉我：“亲，你的账号被封了，你快去联系一下平台。”

我花了很多时间、精力辛苦经营的账号就这么没了，当时的心情简直就是崩溃。

还好我有工作人员的联系方式，他们发现是平台出错，很快帮我恢复了，被封状态只持续了不到十分钟。但是在崩溃的十分钟里，我也被迫进行了一些思考，不得已进行了一些最坏打算。

如果这个账号真的就这么没了也找不回来，我能做什么？怨天尤人显然不会有任何帮助。再不情愿也好，我能做的大概也只有重新开始。

这让我想起之前听一个好朋友说，她有个朋友，自己白手起家创立公司，事业非常成功，但是婚姻不太顺利，离婚的时候房子、车子全都留给了前夫，甚至愿意把自己一手打造的公司也分一半给他。

别人说她傻，她却说，前夫能拿走的都是她已经拥有的东西，而她知道，靠自己的能力，未来还能创造出更多东西。即使从头再来，她也能再打造一家同样优秀的公司，所以完全不在意。

我当时听完就觉得，这才是真正的独立女性。当无常和意外来临时，拥有别人拿不走的“核心资产”才是硬道理。

《顺流致富法则》书里一开篇便提到了一个很重要的理念：“财富，不是你赚了多少钱，而是当你失去所有金钱后剩下的东西。”

我们都看过这样的新闻：彩票中奖者赢得数千万奖金，本该从此财富自由、衣食无忧，但令人费解的是，他们大多很快就将奖金挥霍一空，甚至负债累累。

其实我们自己也是一样。想想在网上购物的时候，当你账户上只有几块钱的优惠券时，你可能只想买些日用品或零食；当你有几十块的优惠券时，你可能又想买件衣服；当你有几百块的优惠券时，你放进购物车里的东西就会越来越多，越来越贵……优惠券越多，购物的金额就会不知不觉超出预算。

人们越有钱，就越控制不住自己消费的欲望。这就是“财富悖论”：当你拥有的金钱越多，你失去金钱的机会也越多。

所以，财富并不等同于金钱。财富包含了金钱以外的很多东西，可能是你的才华、能力、人品……

书中有个很形象的比喻：金钱就像是生性机警且行踪不定的蝴蝶，而财富就像是一座花园，为了留住蝴蝶，你不应该用网去追逐它们，而是应该用心将花园打造得更加吸引人。有了花园，蝴蝶自然会来。

想获得财富，我们要追求的并不是金钱，而是能赚取金钱的核心资产，也就是财富的基础。当我们构建起了这个基础，自然会源源不断产生金钱。

什么是真的核心资产？

我觉得，核心资产是真正只属于你、别人夺不走的、可以跟着自己迁移走的价值。

比如你在一家大公司工作，借着大平台的光环，你可以接触到非常多的牛人，你会很容易把这种光环误以为是自己的能力。但当你离职后，失去了平台的光环，你就不再拥有原来的价值，你之前积累的那些人脉资源也不再能帮到你。

我们中的大多数人都没有意识到这一点，只是沉浸在平台赋予自己的光环里不能自拔，把自己局限在职场里又不自知。随着工作年限的增长，当你的核心能力没有增长时，就很容易被年轻、工资又低的新人替代，被公司踢出局。

巴菲特就反复提过，他投资的企业必须拥有“护城河”，也就是具有可持续的、不可被复制的竞争优势，用来抵御对手的攻击。这种优势就好比保护城堡的护城河，没有护城河的企业，很快就可能被新的公司、新的技术所取代。

其实人和企业一样，也要有意识地去构建自己的“护城河”，修炼自己的核心能力。有了这种核心能力，你才可以不用过分担心未来的不确定性。

一个拥有 400 万粉丝的美妆博主，因为和 MCN 经纪公司的纠纷导致账号被公司没收，她选择通过法律途径解决问题。在漫长的等待开庭过程中，自己又做了一个新的账号，几个月的时间很快就积累了 80 万粉丝，虽然短时间还达不到原来的水平，但也算是东山再起了。

因为经纪公司只是给到了她商务变现上的帮助，并没有切断她的优势，她的核心能力还在。原来的400万粉丝都是靠她自己做的内容一点一点积攒起来的，她比任何人都了解自己的粉丝，知道他们喜欢看什么，知道什么样的内容会吸引他们。所以，从0做到400万粉丝的经验是她的核心能力，即使账号被公司收走，她也能迅速重新开始，并且比之前做得更好。

回过头再来说我自己。如果我的账号真的消失，我能不能够以同样的方法，重新积累粉丝、重新做出新的个人IP，甚至以更快的速度做出更好的成绩呢？我想，我应该也具备这种能力。

所以，并不是说我们一定要胆战心惊、时刻做好最坏的打算，而是说，我们需要持续总结经验、反思复盘，清楚自己的核心能力到底在哪儿，不要让自己在面临危机时束手无策。这是这次“小乌龙事件”带给我的思考。

说起来，我愈发觉得，大家都羡慕的独立女性，并不是那种拥有很多钱或者能分到别人很多钱的女性，而是那种拥有别人拿不走的独特价值的女性。最重要的是，不管有没有钱，她们都有东山再起的核心能力。比如电视剧《三十而已》里的顾佳，把烟花公司给了老公后，她就接手茶厂；买的茶厂不行，她就再造一个新的茶叶品牌。经历过一次“从0到1”，就不怕重新再来。

面对竞争，最好的方法就是让能力回归到自己身上，把自己放到整个市场上去验证自己的能力，你才会越来越强。

这样的你，不会成为任何人的依附，你就是自由的。

所以，“风物长宜放眼量”。和自己较劲，保持成长，不断自我突破，自我迭代，才是在这个不断变化的时代里，永远的王道。

5. 那些不上班的人，都在干吗

有一天，我在咖啡店偶然听到隔壁桌的两个年轻小姑娘在聊天。其中一个对另一个说："你看那个 ×××，现在都不上班了，我看她是不是……被包养了？"

我在旁边听得很无语，忍不住翻白眼。看一看我身边，其实很多人都没在朝九晚五地上班。不上班不意味着不工作，现在的职业选择越来越多元化，只工作、不上班的年轻人也越来越多。

疫情改变了我们的生活方式，也改变了我们的工作方式。以前只有坐办公室每天上下班打卡才是安稳踏实的人生，现在则不一样了。在世界各地，越来越多的人无须坐在办公室，甚至无须固定的工作地点，他们自己雇佣自己，在任何想去的地方生活，有着强大的选择能力。

我来说说我身边认识的几个不上班的人，看看他们是如何靠一技之长获得收益，走上自由职业之路的。

（1）自由撰稿人十一

十一是一个目前生活在云南大理的自由撰稿人。她在做了七年的媒体工作者后，因为工作太忙、劳累过度，身体开始吃不消，便决定停下来休息一下。她换了一座城市，从北京来到了大理生活，一待就是三年。

在大理成为自由职业者后，十一最多的收入来源是稿费。因为在媒体工作数年，在非虚构和人物写作方面有扎实的技能，也有一些媒体资源，所以她会给国内较大的媒体平台供稿。除此之外，她还会接一些媒体和写作方面的培训课程，给大公司的内容制作部门提供采访和写作培训。

内容创作是十一赖以为生的本职，而地理套利是吸引她从北京搬去大理生活的最初原因。由于挣钱的方式完全来源于网络，任何有网络的地方都可以成为她的工作地点，所以，她选择了去阳光更充沛、空气更清新的城市生活和工作。

在世外桃源大理的生活虽然自由潇洒，但也不是毫无压力。成为自由职业者以来，她最大的压力就是收入的稳定性与可持续性。毕竟，没有公司和体制为她提供全面的医疗、养老保障，一切都得靠她自己承担，如果发生重大疾病或者意外，就会面临比较未知的状况，对她的承受能力会有一定的考验。所以，在成为自由职业之后，她早早买足了重疾、医疗、意外等商业保险。因为地理套利带来的好处，比起在北京工作生活的媒体人，在大理生活的她只需要很低的基本开销，生活质量提高了很多。

（二）保险经纪人娜娜

这个职业大家肯定不陌生，谁身边没有几个卖保险的朋友呢？保险经纪人虽然多，但竞争也激烈，淘汰率很高，做得好的保险经纪人其实并没有那么多，我朋友娜娜就是一个。

娜娜是名牌大学的金融专业毕业生，做了几年金融行业的工作后，觉得厌倦了这种高压的生活，她决定换一种生活方式，成了一名保险经纪人。工作时间、工作地点都很自由是这个职业对她最大的吸引，因为天性外向、喜欢结交好友、在行业里积累了一定人脉，娜娜的保险事业很快做了起来。

并且，不满足于身边的客户群体，她开始利用自媒体发布保险相关的视频、普及保险知识，还积累了一定数量的粉丝，拓展了更多的客户渠道。她现在的日常就是在家拍视频，在咖啡馆见客户，自由工作，自由生活。

从娜娜身上我学到的一点就是，自媒体只是一个工具。她的粉丝数量虽然不算多，但足够精准，可以产生稳定的客源。很多人都说现在已经错过了自媒体的红利期，这个看法我觉得有些片面。现在要从头开始做一个百万粉丝的头部账号的确不容易，但如果账号定位足够精准，不需要那么多粉丝，也一样可以产生商业价值，再小的个体都可以有自己的品牌，就看你怎么用好自媒体这个工具。

（三）职业规划师王姐

王姐是做了 8 年人力资源管理的资深人士，她在有孩子之后，希望能够有更多时间陪伴家人，于是辞职了。在家一段时间后，她琢磨着如何发挥自己的专业优势，不上班也能挣钱，便想到了做顾问。人力资源的老本行工作让她“阅人无数”，身边也经常有求职的年轻朋友找她帮忙优化简历、准备面试，她便把这个工作内容打包成一份咨询服务，放在网上。一开始为了积累好评，她甚至免费给人做咨询，耐心帮年轻人打磨简历、模拟面试，直到他们拿下心仪的大公司职位。而这也会给她的咨询服务做出有力的证明。

现在，她已经是某咨询网站知名的大 V，帮助过的求职年轻人成千上万，收入也早就超过了她以前上班时的工资。所以，只要你具备专业能力，且能够提供被人需要的价值，总能找到适合自己的收入模式。

（四）自媒体博主、淘宝店主艾莉森

艾莉森是一位优秀的数字游民，她生活在巴厘岛、马来西亚、泰国、希腊……一年在全世界几十个不同城市生活，而她的收入来源也很多样。除了分享自己的旅居经历、做自媒体博主以外，她还开了一家淘宝店，花了半年时间联系工厂生产瑜伽垫，仅凭一件高质量的产品，也可以持续稳定地为自己带来收入。

（5）英语口语老师萨拉

我的朋友萨拉刚毕业不久就走上了数字游民的道路，在全世界旅居的同时，在线上分享自己学习英语的经验，并且打造了一套英语口语课程，一直有着稳定收入。

除了这些，我还有朋友是做自由翻译的，经常出国出差，他在工作的同时顺便旅游；也有朋友是投资人，自己成立基金，投对了项目，赚得盆满钵满；还有朋友是制片人，可能为了一个项目连续工作几个月，之后又休息几个月，时间很有弹性；也有朋友是自由作家，闭关一段时间写一本小说，版税和影视改编费够她生活好几年；还有更多的朋友，做自媒体博主，只要有手机哪里都可以拍视频；开店的朋友，雇了职员管着，自己时不时去看一下，剩下的时间自由安排。

所有这些人都有一个共同点：要么有天赋或一技之长，可以被无限放大；要么有后天积累的职业经验，可以发挥价值。另外，他们大多放弃了别人不愿放弃的东西，例如安逸与稳定。生来就拥有一切的人毕竟是少数，那些好像不用工作成天吃喝玩乐的女生，只不过是在你看不见的时间里，付出了超于常人的努力罢了。

你向往却无法实现的生活，不代表别人无法实现。而只要你想，其实你也可以成为他们中的一员。

第六章

关于房子那些事儿

1. 聊聊房子那些事儿

在创造被动收入方面，我做的第一件正确的事情就是，在26岁那年买了一套房子。那时候，我刚开始有了一些关于财富的观念，开始学会延迟满足而不是乱买乱消费。我把攒的钱加上找爸妈借的一些钱用作首付款，在重庆买了一套二手房。而我当时工作生活都在北京，所以买房的时候就计划要租出去，而不是空置。

这个房子的前主人是朋友的朋友，因为要换房而急于脱手，所以价格非常不错，且房屋装修、家具都很完善，附近有正在修建的地铁站、不大不小的商圈、写字楼和小学，房屋租金也不错。从交房的那天开始，我就有了被动收入。并且，房租大于我每月要交的贷款，还完贷款我还能有不少剩余。

两年后，我用第一套房子赚来的钱和其他投资的收益，加上自己攒的钱，买了第二套房。到现在，我已经在海内外有了四套房产，成了名副其实的包租婆。

很多人可能会说，因为我运气好，前几年买到了房。但如果要说运气好，那些早在20年前就买到一线城市的房子，坐享房价“坐火箭”的黄金时期，通过房产实现财富自由的人肯定运气更好。但绝大多数人并没有那么好的运气，或是那么大的勇气。所以我觉得在买房这件事上，比起运气，更重要的还是选择。

我也曾经错过了更好的购房时机。我刚回北京的时候，租了一套一居室的小公寓，一住就是两年。其间有一次房东太太问我："姑娘，你有没有考虑把这房子买下来？"我当时觉得自己还年轻，暂时也还没有结婚的打算，觉得买房离我还很遥远。而且北京的房子也太贵了，随随便便就要好几百万，我租高级公寓一年也不过十来万的房租，哪怕租房一辈子也比买房便宜吧？

天真的我完全没想过房子的资产属性，也没想过经济发展会带来的通货膨胀和房租上涨。果然，过了两年，北京的房价继续飞速上涨，我的房租又涨了不少。我身边有朋友开始买房，他们每个月还贷款的金额和我的房租差不多，但不一样的是，还完贷款，房子就归他们了。而我如果一直租房，基本就是在帮房东打工还贷。

我算了算，即使现在每月支付5000元房租，压力并不大，但如果接下来的几十年，房租以每年10%的幅度上涨，算下来30年需要付的房租总额接近1000万元，而50年需要付的总房租竟然近7000万元！这么算，租房肯定不如买房划算。

我回想起房东太太的话，便去问她："阿姨，现在这房子你还卖吗？"

她回答："不卖啦，北京房子都涨成这样了，卖了再买不着更便宜的啦，就留着收租吧。"

就这样，我错过了一次本可以买房的机会。但一次两次的错过其实并不要紧，因为市场永远不缺机会。也是从那会儿开始，我在国外留学时形成的"租房也很好"的观念，开始动摇，我慢慢有了买房的念头。

对于大部分中国人来说，受传统观念影响，都对房子格外看重。而西方国家年轻人大多不喜欢买房，一方面因为文化影响，一方面法律法规对租客也更为友好。

我在国内外都租过房，一个很明显的感觉就是，国外的法律法规较为成熟，对于租客的利益也都保护得比较好，基本都是要求房东不得随意涨租、不得随意驱赶租客；而国内关于租房的各项法规还在完善中，经常会出现一些法律还没涉及的状况，房东作为既得利益者，反而占据上风和主导权。房子要不要租给你住，有时候全在房东的一句话，即使遇到最坏的结果也不过就是房东赔点押金，但租客却有可能流落街头。

所以，买房子意味着你不仅有了无论何时都能安心居住的地方，一个属于自己的避风港，也拥有了一份不动产作为资产，可以更好地抵抗通货膨胀带来的货币贬值，能够给你带来心理和财务上的双重安全感。尤其对于女性来说，在婚前拥有自己的房子，谈恋爱的时候会更有自信、更有底气；在越来越多人选择不婚或晚婚的当下，拥有一套属于自己的房子，也可以过得非常安心。

我喜欢的作家、自媒体人黄佟佟写过一句话："女人和她们的房子，具有某种极其微妙的联系，一旦女人拥有自己的房子，她就会变得无所畏惧。"

我对此也深有体会。这几年，我不爱奢侈品、爱买房这件事，已经变得众所周知。在我看来，房子是一个女人的安身之所，也是情感寄托，不仅给人安全感，也能作为一项重要投资，持续赋予你底气和金钱上的收益。

在我的影响下，不管是身边的朋友、还是网上的粉丝们都告诉我，他们也开始对理财、投资、房产越来越感兴趣，我也觉得挺开心的。

我觉得大部分人的一生中总会需要买房，一辈子租房住的毕竟还是少数。而一生中可能会买的房子主要有三种：刚需自住的房、投资赚钱的房、改善生活品质和度假的房。

买房主要是两个目的，一是自住，一是投资。我们大部分人买房，都是两者兼有。首先满足刚性的居住需求，其次也希望住的房子不断带来收益。

如果从投资角度看，我们投入大量资金买入房地产，追求的一般是两项收益。

（1）房产增值

从长远来看，货币都是贬值的。大家可能都听过“万元户”，在20世纪70年代末，拥有“万元”存款的家庭，可以说是相当了得的人家。而现在，1万块钱几乎连二线城市一平方米的房子都买不到。如果那时候的万元户仅仅把钱放进银行赚利息，就算一年利息有5%，40年过去，这1万块现在变成7万块，远远没有当年“万元户”的那种冲击感了。

回想一下20年前，街边买一碗面只需要两三块钱，而现在，即使是二三线城市，也需要十来块，更不用说一线城市核心地区的物价了。钱还是那些钱，能买到的东西却越来越少。

货币之所以会贬值，是因为每年都有新钞票流入市场，导致市面上流通的人民币在不断增加，钱多了就会贬值，物价就会上涨。

在货币贬值的情况下，老百姓就会想，钱存在银行肯定不行，那么我的钱换成什么东西，才能保值或升值呢？

于是在这20年时间里，很多人都在干一件事：买房。

在近20年的投资类收入里，房产投资一直稳居首位，这与房产的特殊性质有关。国内房地产市场就和黄金一样，公信力特别强，无数人都坚信买房致富是最简单、最轻松的道路。虽然现在的大基调是“房住不炒”，房价不会再经历前20年的暴涨了，但本质上还是供需决定价格，优质的房产，依然会不断升值。

房产不断升值，一方面是因为它的金融杠杆来撬动财富的性质，当房产增值时，即便不卖房，也可以通过做抵押贷款，取得更多资金；另一方面是土地成本的不断高涨，特别是核心地段，地价越来越贵，房价还是会上涨。

有人担心房产市场的泡沫，其实我倒觉得，并不必过于担心。历史上每个冉冉上升的大国，都要经历一次人为制造需求、继而喊停的过程，将时间拉长看就行了。10年前买房的人，其实是和今天做着一样艰难的决定。

当前房价虽然高，但和老百姓的收入增长来看，房价的增速并不过分。1998年，全国商品房均价是每平方米2063元，20年后的2018年，涨到了每平方米8736元，增长了4.2倍；而同样的20年，全国城镇居民人均可支配收入从5425元涨到了39251元，增长了7.2倍，收入的增速超过房价增速的70%还要多！

所以高房价并不可怕，可怕的是收入不涨。对于年轻人来说，期望房价和房租下降，远不如期望自己的收入上升更现实。

（2）房租收益

投资房产所产生的房价增值本来就是被动收入，而收租是二次的被动收入。

比如我第一次买的那套房，到现在市场价格已经涨了不少；我每月从租客手里收到租金，用租金还房贷。等还完贷款，每个月就会多几千块租金的被动收入，相当于多领一份工资，如果若干年后出售房子，还能享受增值收益。

当然，并不是所有的房子都能拥有这两项收益。比如老家三四线城市的房子。大部分三四线城市的房价相对低，是在北上广深打拼很久依旧买不起房的奋斗者的退守之地，适合资金有限的刚需住房者买，投资的话不仅收益不大，还有可能受房价下跌的影响亏损。我有一个朋友就是在老家四线城市买了房，在花大力气装修后打算租出去，结果一年半载也没找到租客，因为当地人本来就不多，流动人口更是少，当地房子早就是供给远大于需求。除非是这个城市有独特的资源，如旅游资源等，或许可以投资进行短租。

我个人觉得，在国内买房可以参考这几个标准：

首先，选择人口超过 1000 万的城市，一线城市和二线省会城市是首选，因为有足够多的流动人口；

其次，优先考虑中小户型的房子，这类房子一般是刚需，需求旺盛。那些总价太高的所谓豪宅，买得起的人毕竟是少数，流通性往往很差；

再次，房子所在处两公里内最好有地铁站、商场或是生意兴隆的餐馆——这些都是一个楼盘周边配套是否成熟的标志。如果这些都没有，那么，这个楼盘要达到适合居住的标准，可能还需要好几年。如果买的是还在开发中的房子，也需要关注未来的城市规划，关注该房子两公里内是否会有以上这些配套设施。

总结一下，不管是自住还是投资，我们买房都一定要买适合住、适合租、适合卖的优质房屋。因为适合住就适合租，适合租也就适合卖。所以买房前，一定要实地考察，亲自去感受房子周边的配套是否完善，参考城市的规划布局，而不是听卖房中介的一通吹捧。买房是大型购物行为，切忌冲动。

2. 如何正确看待房贷

《富爸爸穷爸爸》一书里区分了资产与负债的概念：能够把钱放进你兜里的东西叫资产，相反，把钱从你兜里拿走的东西叫负债。书里提到，富人和穷人的一大区别就是，富人喜欢积累资产，而穷人喜欢购买自以为是资产的负债。要想成为富人，第一步就是减少负债，增加资产，这样在你不工作的时候，资产也一样能为你创造收入。

很多人因此对负债产生了恐惧，只要提到"债"就觉得一定要远离。但其实，并不是所有负债都不好，负债也分为优质的负债和不良的负债。

不良负债，是指那些不能产生价值，还会把你拉进深渊的负债，比如最典型的消费性负债。简单说，就是刷信用卡透支未来的钱，满足现在的吃喝玩乐购物消遣。消费主义盛行之下，只要你想要，就没有缺钱的事情，分期付款、信用消费给你安排得明明白白。但是，很多买来之后就迅速贬值的东西，其实都是无关痛痒可有可无的。你会发现，花几百块买来的进口沐浴用品并没有比几十块钱的沐浴用品多带来些什么，看腻了的衣服包包也并未给我们留下什么。这种不良负债就是把我们不该花的钱提前花掉了，透支了我们的未来。

此外，还有另一种常见的负债，即资产性负债，就属于优质负债。

比如我们最常见的房贷，虽然需要每个月定期还款，是笔不小的支出，但它的背后是，我们可以享受房产未来增值的收益。

能够以小博大的杠杆大家都知道，正确使用杠杆去获得四两拨千斤的效果也是我们需要学习的。我们的人生总的来说有三种杠杆：

第一个杠杆是人脉杠杆：比如认识一个人，打开一个圈子，获得更多资源。

第二个杠杆是时间杠杆：比如看书、学习付费课程，这就等于是在购买别人的时间，可以快速系统地学习别人花大量时间整理出的精华。

第三个就是金融杠杆，也就是俗话说的“借钱生钱”。

前面说到过借钱投资是存在风险的，尤其要谨慎选择年利率高于 5% 的贷款，因为利率过高，你就需要获得更高的收入才能平衡掉利息的部分，因而很难去让杠杆发挥作用。

房贷大概是目前中国金融市场上能找到的利率最低的优质贷款产品，也是我们普通人能贷到的利率最低的贷款。

房贷的年利率在 5% 左右，房价上涨带来的利润、租房带来的收入都可以大于贷款利息。比如我自己的前两套房子，都是贷款买的，买来后直接租出去，以租养贷，可以很容易地用租金还贷款，轻松撬动了房贷这个杠杆。即使收来的房租无法完全覆盖房贷，至少也可以大大减少房贷压力。

这种低利率的负债机会，如果不买房可能遇不到，如果你已经拥有了那就要珍惜，用好！

之前看到有人说银行就是穷人为富人服务的机构，穷人千方百计地把钱存进来，富人千方百计把钱贷出去。是不是很扎心?

富人源源不断地用穷人的钱赚更多的钱。比如，10 年前富人拿穷人的钱去买了房，10 年后等房子涨了好几倍后，又卖给穷人。

归根结底，穷人看到的是静态的钱，而富人看到的是流动的时间。

这个世界就是这样，敢大方从银行贷款购买资产的人会越来越富，而那些老老实实，只敢把钱存到银行的人反而会越来越穷。

话说回来，在银行办理房贷时，又可以选择等额本金、等额本息两种还款方式。很多年轻人在第一次买房时多半有点蒙，不知道这两者的区别，到底哪个才能让杠杆发挥更大的作用?

其实很简单，先看看两者还款方式的不同。

等额本金，顾名思义，就是每个月还一样的本金，但要还的利息刚开始最多，之后越来越少。因为当你还着还着，你欠银行钱的总额就变少了，所以你要还的利息也就越来越少，在本金不变的情况下，总月供自然就少了。

举个例子，你向银行借了 100 万元买房，利率 5%，分 30 年还清。等额本金的情况下，你一共要还 175 万元，利息 75 万元。每个月本金都是 2700 多元，最开始每月要还 7000 元，最后变成了 2000 多元。

而等额本息，顾名思义，也就是说每个月的总月供，即本金 + 利息是一样的，从第一年到第三十年都没变化。变化的部分是每个月要还的利息，刚开始特别高，越到后面越少；而每个月要还的本金，刚开始特少，后面越来越多。在此基础上，本金利息两者加起来，总额不变。

同样以贷款 100 万元，利率 5%，分 30 年还清来举例。按等额本息的还法，一共要还 193 万元，利息 93 万元，每月月供 5000 元出头。

总结下来就是等额本金长期要还的月供总额，少于等额本息，因为总的利息更低；但等额本金在前几年的单月月供，要远大于等额本息的单月月供。

那两种还款方式，分别适合什么样的人呢？

等额本金还款方式的月供开始多，之后越来越少，更适合想早点、快点把钱还清的人，比如很多人不愿意欠着银行钱，希望早日“无债一身轻”。同时也很适合那些在可预见的将来收入会越来越低、开源的机会越来越少的人，比如面临退休的老人，或是收入很难再提高的中年人。

而如果你是一个刚开始工作不久的年轻人，虽然目前现金流、收入有限，但随着工作时间、工作经验的积累，你的收入必然会不断增加，这样的情况就更适合等额本息的还款方式，因为刚开始的月供会比等额本金更低，还钱压力小一些。即使要还的总额会更高，但随着收入的提高，再加上通货膨胀，就越还越不是问题了。

其实等额本息和等额本金两种方式的区别，本质上是对现金流影响的区别，最终是由你人生所处阶段决定。如果你的人生还处于起点，之后会不断向上越来越好，就选等额本息；多付的那点儿利息，在你未来不断向上的人生中都不是问题。而如果之后现金流可能会减少或收紧，或是比较保守，就可以选等额本金。

还有一个关于房贷的问题，就是如果手里攒了一些钱，要不要把房贷提前还掉一部分、甚至一次性还完呢？

我的答案是，最好不要！

为什么？因为从大环境来看，房贷是会不断降低的。

从宏观经济概念出发，随着时间流逝，通货膨胀，你的收入一定会增加，而欠钱的成本一定会减少。

用数据说话，我们看看近 20 年的房贷利率表就知道，商业住房贷款利率普遍低于 8%，而且近 10 年的趋势看，基本在 5% 左右。

截至 2019 年 1 月，央行商业贷款（个人住房贷款）的基准利率是这样的：一年以内为 4.35%；一年至五年为 4.75%；五年以上为 4.90%。商业银行趁房地产市场火爆，上浮了贷款利率。1996 年房贷利率高达 15.12%，到 2016 年 2 月只有 4.1%，2016 年那会儿也是房市转折点，全国都在去库存。

参考一下发达国家，比如日本、美国，随着经济发展、市场利率走低，房贷利率整体都会持续走低。

比如很多 20 年前贷款在大城市买房的人，当时可能不被周围的人理解，难道要一辈子背负着沉重的贷款生活吗？结果在通货膨胀的影响下，七八年就还清了贷款，手里剩下一套价值翻了几倍甚至几十倍的房子。

所以，如果你要买房，要做的就是贷最多的钱，还最长的时间，按部就班，切勿急躁。

总的来说，不要过度恐惧负债。适当负债、享受资产估值上升，其实是普通人运用金融杠杆的最好方法。当然，也需要把控自身能够承担的风险，不要去碰那些利率过高、风险过大的杠杆。

3. 投资海外房产有坑吗

说起买房，现在大家第一反应可能都是“房住不炒”。国内房产市场在宏观调控的影响下，房价增长步伐逐渐放缓，甚至很多城市房价不升反降。

那么问题来了，钱到底还要不要投进房产市场？

如果是刚需住房，那么其实房价涨跌与你关系并不那么大。对于需要买房自住的人来说，每个人都有一个时间上的底线。可能是结婚的时候必须买房，也可能是有了第一个孩子必须买房。因此，即使租房再自由再快乐，到了需要的时候该买还是要买。而一旦越过这个时间底线，买房子的意义也就不大了。对于这部分人来说，要不要买房并不是取决于房价的高低，而是取决于你想要什么东西以及准备在什么年纪得到这些东西。房价在未来不是涨就是降，能给我们答案的只有时间。

而如果是投资性的房产，现阶段我们需要将长线收益以及稳定的租金作为重要的投资参考值。稳定的租金实际上是有非常具体的数字作为参考的，那就是租售比。

房屋租售比指的是每平方米建筑面积的月租金和每平方米建筑面积的房价之间的比值。为了便于理解，我们不妨把这个概念颠倒一下，转变为“售租比”，这样一来就可以简单理解为：在保持当前的房价和租金条件不变的情况下，完全收回投资本金，需要多少个月。

一般而言，参考国际标准，一个房产运行情况良好的区域，应该可以在200~300个月（17~25年）内完全收回投资本金，也就是说租售比在1∶200~1∶300之间。如果一个房子17年之内就能收回成本，说明这个房子有较高的投资价值；而如果一个地区需要25年以上才能收回成本，则说明该地区有潜在的房产泡沫风险。

举个例子。我看上了一套售价为100万元的房子，按照1∶200的租售比，我需要在17年内完全收回成本才能算一个不错的投资，那么我每年至少需要收到5.9万元的房租，折合下来就是每个月5000元左右。

换句话说，一套售价为100万元的房子，如果只考虑租金回报，那么每个月至少要收到5000元的租金，才算是一个在房地产领域成功的投资。

你可能会问，200~300个月，这个值是怎么得来的呢？其实是基于不动产投资领域中租金回报率为6%的条件设定的。租金回报率指的是预期的租金收入和房屋售价的比值，它和租售比其实指的是同一个东西，只不过计算方法不同。按照国际经验，6%的租金回报率算是一个合理的投资回报值，本质上是一个与贷款利率挂钩的指标。

很简单，因为买房需要一次性投入大量资金，大部分人很难有那么多的现金流，怎么办？通常都会选择银行贷款，能贷多少贷多少，大不了把租金用来还贷款按揭。那这样一来，假如房价和租金均保持不变，租金也必须能够跑赢贷款利率才行。而当前我国的贷款利率，差不多就是6%。

按照6%的租金回报率，我每年需要收回6万元的房租，也就是每月5000元，才能算一个不错的投资；那么按照这个收租来算，16 年（192 个月）就可以收回 100 万元的房租，也就是租售比为 1∶192。低于 1∶200，这就是一个在房地产领域成功的投资。

从全世界来看，纽约、旧金山、巴黎等国际一线城市的租金回报率大概在 3%~5%，而我国呢？北上广深的租金回报率不到 2%。部分二线城市的租金回报率反而更高，例如重庆、沈阳、成都等，大概在 2%~3%。三四线城市虽然房价相对较低，但租赁市场需求更加薄弱，租金回报率更低。

如果换算成租售比呢？有人将上海所有小区的租售比数值进行了排序，中位数值为 522 个月。也就是说，如果仅靠租金收入的话，上海全市平均回收投资需要 44 年。如果房价不持续上涨的话，即使以市场价出租，租金也跑不过当下的房贷利率，房子是租一个月亏一个月，亏的程度不同而已。

简单来说，如果不考虑房价涨幅，投资一线城市的房产收租，其实是一笔非常不划算的买卖。而未来的房价涨幅，也没人能够准确预测。

因此，很多人觉得大城市的房子过于令人望而却步，就想着跳出眼前的选择范围，换个思路，放眼看看全球，去国外买房投资。比如目前很多人选择的，就是东南亚地区的房产。

我自己也在旅居的时候，顺带实地考察了马来西亚、泰国、越南这三个经济稳定、政治稳定的东南亚国家，最后选择在泰国普吉岛投资了一套二手房。

我会想到去泰国买房，一方面是因为在国内已经有几套房产，想通过海外置业做资产配置、分散风险；另一方面也是因为我真的很喜欢泰国——泰国在我心里是东西方生活方式的完美结合，大概也是很多西方人喜欢来此旅游或在此定居的原因。他们中的很多人从事英语教学工作，以至于泰国的国际学校性价比也特别高。我自己不排除日后去泰国养老的可能性，所以去泰国买房属于消费行为，顺带投资。

当然，还有一个直接影响因素，是因为早年在当地买过房的朋友介绍了当地靠谱的中介，直接帮我避过了很多坑。

这是个很现实的问题。大家去泰国旅游过就会知道，卖房的特别多，尤其曼谷，满眼都是中文介绍，售楼小姐普通话说得非常溜，让你以为回国了——这些就是专门卖给外国人的楼盘，最好不要买。这种专门卖给外国人的楼盘，开发商会把对外价格定得非常高，再通过高额佣金让中介去拉人头。

所以，大量信息不对称、假数据淹没真数据，会导致很多人不知道泰国当地房价的真实情况。

想看真实数据，第一，不要去中文网站，多看看国外网站上的长租价格；第二，最好实地考察，房子买来后怎么租、租给谁，是需要提前想好的。我自己在买房前，至少去了三次泰国，踩点看房不说，还尽可能多地了解了当地真实的租金情况，算出一个实际的租金回报率，而不是只看网上的数据。

我的房子买在普吉岛一个相对比较幽静的海滩附近，主要就是租给欧美游客。赶上旅游旺季，短租的回报率比我预期的还要高；疫情之后转为长租，就稍差一些，但基本也在4%左右，比起国内也还算不错。

但是，买房之后的出租管理也是一大难题。尤其是异国购房，都会出现这个问题。我在泰国的房子买来后就换过好几次管理公司，疫情期间也空置了很长时间，这中间花费的时间精力其实都是成本。

所以异国买房投资，一定要做好全方位的调研，不要“只看贼吃肉，不看贼挨打”，也千万不要抱着捡便宜的心理，觉得国内反正已经买不起了，索性在国外买个，既可以赚房租，也可以赚升值。从全球房产市场来看，的确有低估价值、会增值的好房子，但“便宜的好资产”也没那么好找到。

房子的租售比只是一方面，投资异国房产，还要看经济增长、政治因素、供需关系。政治稳定是经济发展的大前提。

正所谓危邦不入、乱邦不住，如果有政治经济的不稳定因素，完全有可能“一夜回到解放前”，比如很多人吹捧的希腊，是一个已经在破产边缘徘徊的国家，即使买房赠送欧洲永居，那又怎么样呢？

另外，并不是国家越发达就越适合投资。人口太少的国家，房价即使被低估也要慎重，毕竟供需决定价格。

如果你钱本来就不多，又什么都不懂、什么都不研究，对于一个国家所有的认知仅凭那么几天的跟团旅行或者仅听所谓的大V和不靠谱中介向你描述美好未来，去国外买房还不如在国内踏实买理财，正所谓“不懂不投”。

4. 未来 10 年，还能买房吗

我自己之前几年的确比较爱买房，买房的那种成就感和满足感是非常容易上瘾的，而且也会逼着自己养成存钱、不乱花钱的好习惯。但是从两年前开始我就已经把房产投资的重心放到了海外市场，例如泰国。

很多人问我现在到底还该不该买房、自己所在的城市是否值得投资房产，说实话，除了自住刚需外，我不太建议大家现在再盲目投资国内的房产了。

为什么?

其实很简单，房子作为投资来说，主要可以从两个方面获利:

一个是出租，获得租金回报;

另一个是资产的增值，通过房价上涨获得回报。

那我们就分别来看一下，从这两方面来说，中国现在房产投资的价值是多少。

第一，租金回报，也就是租售比。

先来看下图 1:

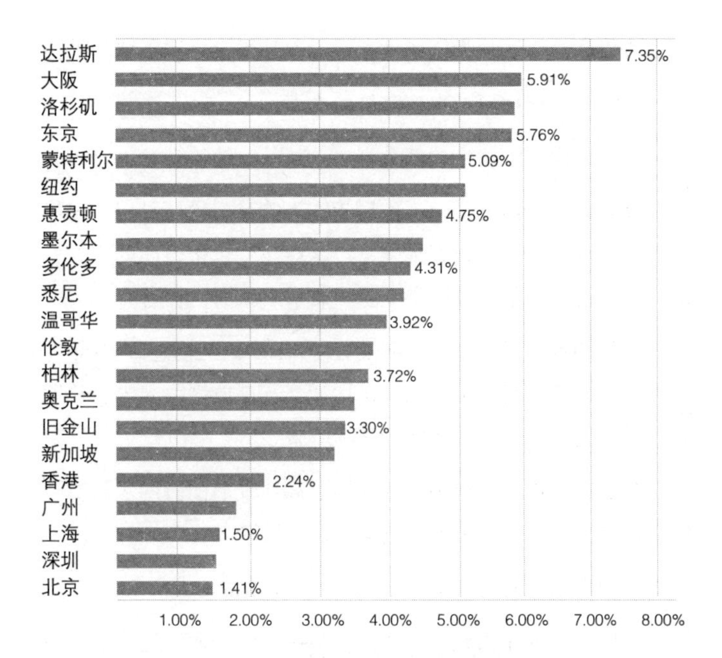

图 1　全球部分城市租金回报率

数据来源：Zillow、Trulis、Treb、REBGV、NUMBEO、Global、Property、Guide、QV.co.nz、Interest.co.nz、Zoopls、野村不动产等

从图 1 里我们可以看出，东京、纽约等发达国家城市的租金回报率基本在 3%~5%，这也是我们公认的一个世界范围内比较合理的房产租金回报率，而中国的一线城市，租金回报率不到 2%。

相比之下，国内一些二线城市的租售比会高一些，但也很少有超过 3% 的。

并且，现在大家很少全款买房，如果贷款的话，每年光是利息都要还 5% 左右。

所以算一算，从投资角度来看，你觉得投资房子划算吗？

第二，资产增值，也就是房价上涨。

接下来说一下房价的部分。

首先，我们需要知道，中国现在不管是房价还是房产市场规模，都可以说是“地表最强”。全球住宅价格最高的十大城市，中国占了 4 个，分别是上海、北京、深圳、香港。

安信的首席经济学家高善文在 10 年前，也就是 2010 年发表过一个预测，我们国家的经济增速会逐渐放缓，未来会长期处于低增速的状态，现在已经基本应验。

其实，这也是每个国家在经历了高速发展的时期之后所必然面临的情况，是一个不可避免的经济规律。

我们再来看看另一个关键指标，城镇化率。

我们国家现在的城市化率差不多在 60%，而发达国家的城市化率在 90% 左右。对比一下，我们的邻国日本在 20 世纪 70 年代就已经达到了 70% 的城镇化率，之后的 40 年就进入了缓慢的低增速期，直到 2010 年才突破了 90%。

所以接下来，不管是我们的城镇化率还是 GDP 增速，都会进入经济转型期：速度减慢，质量提升。

而房地产，作为固定资产投资，增速也会逐渐下降，不会再出现高速增长了。过去 20 年那种依靠固定资产投资拉动我们整个经济增长的模式，已经彻底成为过去式。

另外，一个国家的金融资产的规模可以侧面反映一个国家的资本实力，我们一般说的金融资产，就是股票和房地产。我自己从网上搜集了数据，做了张图给大家简单对比（见图 2）：

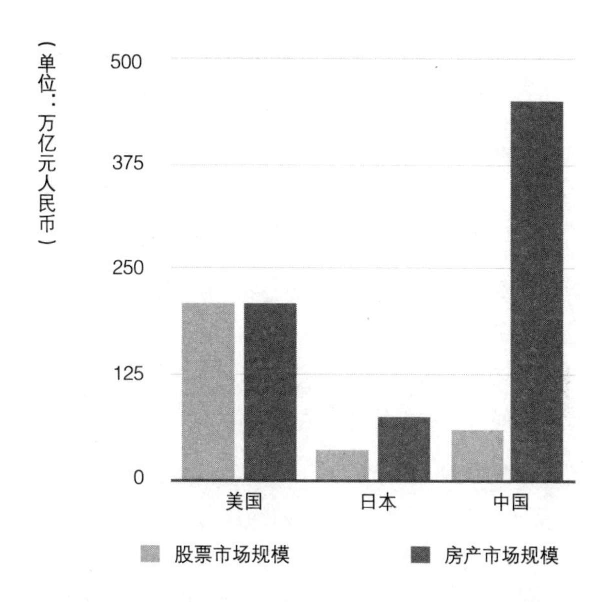

图 2 美国、日本、中国股票市场与房产市场规模对比

在美国，股票市场和房产市场规模差不多，都是 210 万亿元人民币的市值；

在日本，房产市场规模是 70 万亿元人民币，股票市场是 45 万亿元人民币，也是差不太多，股市略低于房产市场。

而在中国，房产市场有 450 万亿元人民币，全球规模最大，是美国房产市场的两倍还多，而 A 股市场仅有 60 万亿元人民币的规模，美股市场的 1/3 都不到。这个规模的比例是极度不协调的。

所以，在国家的宏观调控和经济的持续发展下，我们有理由相信，未来的股市和房产市场最终会逐渐恢复到一个合理的比例，也就是说，更多的资金会逐渐流入股市，而不再是疯狂涌入房产市场。

水涨船高，哪个市场里的钱多，哪个市场的价格就还有持续上涨的空间。这么一看，你觉得房价上涨的空间，还有多少？

当然，自住和投资不一样，衣食住行是必需品，无论何时都有买的必要性。如果你和我一样，手上已经有一二线城市的房子，不管是自住还是投资，其实也都不用太担心。

因为房价最终是供需关系决定的。我国的城镇化率还远未达到发达国家水平、城镇化进程还将继续，虽然增速变慢，但人口始终还是会持续流入核心城市，所以这些城市的房价即使没有太多上涨空间，至少也是可以保值的。

如果真的要投资国内房产的话，个人建议可以投资人口还会持续净流入的二线大都市，比如我的家乡重庆，还有成都、武汉、长沙、合肥这类的核心省会城市，其他的话就不建议考虑了。因为总体来说，在未来，一线城市房价涨不动，三四线的城市房价涨不起来。除此之外，也可以考虑海外的房产市场。

说完这些，可能有人会问了，如果不投资房子，手上的闲钱往哪儿放呢？在我看来，股市，或许是个好去处。

不仅是国内的 A 股，港股、美股都是值得投资的市场；另外也不一定要购买个股，买基金是更适合新手的做法。

上次在北京和几个做金融的朋友聊天，他们说 2021 年是普通人投资理财、进入股市的元年，当时我还觉得太夸张，现在想想，其实未必不是这么回事儿。

当然，不管投资什么，一定都要先学习、理性思考，不要跟风，尤其不要高杠杆、贷巨额款去投资。

第七章

理财投资必修课

1. 投资前，先开始理财

说到理财，我们一般都会联想到投资，“理财投资”已经成了一个惯用的固定表达。虽然投资和理财密不可分，但其实它们并不完全是同一件事，这两个概念有所区别，两者的目的、策略、结果也都不一样。

首先，两者的目标不同。

投资，从字面意思理解，是“投入一定的资金或资本”，目的是获取利润、产生收益。而理财，顾名思义，是“管理个人财富”，简言之就是把自己的钱进行合理的管理和分配，其中一个用途就是投资。

讲得通俗一点，投资是一种借助平台获利的行为，是用钱去赚更多的钱；而理财则是一种资金管理的方式，把钱合理安排，以保证有更多的钱。

简言之，投资看重回报，而理财看重稳定。

举个简单的例子。把钱存到银行里，算理财还是投资？

在我看来银行存款应该算理财，而不是投资。可能有人会问，银行定期存款不也会有 1%~2% 的年化收益率吗？为什么不算投资？很简单，因为它一定跑不过通货膨胀。

通货膨胀上一章里我们也提到过，指的是货币贬值，就是今天在银行存100元，一年后这100元可能贬值到了90元，原本一年前可以买的东西，现在也买不起了。钱存在银行里还是那些钱，但随着时间推移，能买到的东西却越来越少。

通货膨胀的原理其实很简单。某一年中，增发的货币量比新产生商品数多了，这一年就会通货膨胀。比如去年生产了100个价值1元的商品，市场中流通的货币有100元，每个商品价格1元；当去年的商品被消费完，今年又生产了120个价值1元的商品，但市场中流通的货币却增加到了150元，这120件商品的价格就变成了150/120=1.25元，相当于同样的物品，价格上涨了0.25元。相较于以前1元的售价，上涨了约25%，也就是通货膨胀率为25%。

由此我们就可以推导出通货膨胀率的计算公式：通货膨胀率= M2增速 - GDP增速。

其中M2指的是广义货币发行量，GDP则指的是国内生产总值，也就是消费者所消费的全部产品总价值，简单理解就是从货币超发造成的货币贬值速度。

那我国现在的通货膨胀率有多少呢？近十几年平均每年的通胀率在7%左右。也就是说，如果你有100万元现金，过去一年，它的购买力就少了7万元；再过一年，再少93万元的7%，只剩下86万元；再过一年，又少了86万元的7%，只剩下80万元……

这个贬值速度是不是比想象的更可怕？

所以说，钱存在银行里不仅无法产生收益，甚至连通货膨胀都跑不过，保值都很困难，极有可能不断贬值。

投资的目的是产生收入和利润，而银行存款肯定无法达到这一目的。但是，银行存款比较安全，而且活期存款存取灵活，很稳定，可以作为备用金，用以应对我们的不时之需。

因此，当你听到有人说“我要通过理财成为百万富翁，实现财富自由”时，请告诉他，那是投资要做的事，而不是理财。

其次，两者的策略不同。

投资看重收益，需要个人对市场趋势进行判断和把握，并拥有一定的专业能力。

而理财除了参考外部环境，更侧重于内在需求，例如个人或家庭的生活目标、财务要求、资产负债收入支出的情况以及家庭成员的性格特征、风险偏好、健康状况等。理财是对个人或家庭财富的一个长远和全盘规划，是运用各种投资产品做组合，以达到分散风险、实现目标收益率的一种手段。

简言之，投资强调资产成长，理财则强调资产保值与合理分配。

对理财最简单的理解，就是要知道钱是怎么进到你的钱包里？又去到了哪里？还剩多少？还能增长多少？怎么分配更合理？根据这些问题，一般来说，我们可以把理财分成赚钱（收入）、用钱（开支）、管钱（资产配置）、借钱（负债）、保护钱（风险管理）、生钱（投资）等，每一项都有不同目的。

因此，投资可以看作是理财的一部分。如果把理财比作战略规划的话，投资就是其中的一项具体战术。

大家都知道的股神巴菲特，他的职业是一名投资人，他擅长的就是用钱生钱，利用他的专业知识和技能进行投资，产生高额收益，这是他的工作。

而我们大部分普通人，显然无法将投资作为自己的工作，但我们每个人都可以并且应该学会理财，因为我们都会在一生中面临各种各样的财务需求和困境，例如结婚买房、生养教育子女、生病看病、规划养老……人生的方方面面都需要用到钱，也需要我们合理地安排自己的钱。可以说，理财将会陪伴我们终身。

最后，两者的结果也不同。

投资好坏的衡量标准很简单也很客观，就是投资回报率。任何一个投资，结果不是盈利，就是亏损，盈利和亏损的金额相对本金的比例，就是投资回报率的含义。赚得多，就是好的投资；亏得多，就是差的投资。

而理财的好坏，很难有一个客观的判断标准，因为每个人、每个家庭的财务目标以及现状都不一样，但理财会直接关系到个人和家庭将来的生活是好还是坏。

相较之下，投资更注重短期的收益，而理财更注重长期的保值和增值。

总的来说，投资是资本的形成过程和手段，理财是指资金的筹措和使用，是一种财务管理技巧，同时又是使投资收益达到最大化所采取的方法和手段，是一种生财之道。

关于投资、理财的顺序，我的建议是先理财后投资。如果你没有做好理财，你大概率是没钱去投资的。而一个人如果只会投资不会理财，收益率再高，也可能面临风险。

想一想，假设一个人把所有钱用来买股票，赶上行情好，在股市赚了几百万。但他完全不会理财，有可能下一秒就把所有钱花光或者亏光，因为收益和风险是成正比的，在股市今天赚多少，明天就有可能亏多少。

但一个会理财的人，能够做出很好的资产分配。他会拿出一部分钱投资股市，也会拿出一部分钱投资自己、进行学习，还会拿出一部分钱让自己享受生活、过得更好。这样一来，不仅他的投资收益在增加，他的本职工作也会做得更好，同时他也没有放弃享受生活。

那投资和理财应该如何结合呢？

我们都知道投资有风险，很多人迟迟不想投资的原因就是害怕赔钱。

要知道，做任何事情都是有风险的。开车可能会发生车祸，运动可能会受伤，吃饭还可能会吃坏肚子。但我们不会因为害怕这些风险，就把自己关在家里，什么都不做。我们做的，是尽可能去降低风险，减少意外伤害的发生，例如开车时多注意路况，运动时注意正确的姿势，吃饭前多关注食材的品质……

同理，投资也一样可以控制和降低风险，方法就是通过理财，将投资多元化，分散不确定的因素。

另外，理财也是投资的必要准备工作。

我们经常听到有人会说，我没钱，没办法理财投资啊。这是一种穷人最常有的消极心态：遇到困难第一反应就是“我不行”，而不是去想“我怎么才能行”。从根本上来说，这其实是搞反了因果关系——不是因为你没钱所以没法理财，而是因为你不理财，所以你才没钱。

比如最常见的，上周刚发了工资，几天后银行卡上就没钱了，自己也完全不记得自己的钱花到了哪里。因为存不下钱，你当然会觉得自己没钱理财投资。

在投资之前，我们需要先理财，这样才能为投资攒下资本。

而在理财的阶段，也可以同步进行投资，例如阅读投资理财相关的书籍、学习线上课程、了解更多相关的资讯等，即使是巴菲特这样的投资专家，也一样有过从零开始的阶段，没有人一生下来就会投资，也不太可能一次就成功，学习和积累经验都是必不可少的。

简单来说，在投资前的理财准备阶段，我们更应该投资自己的脑袋。学到脑子里的东西永远不会丢，将会一辈子跟随你。

2. 先理财还是先理债

有一个问题我被问到过很多次：很想学习理财投资，但自己本身有负债，当存到一笔钱之后，究竟应该先投资还是先还债？

选择先投资，如果投资成功获利，自然可以更早还清负债；但投资都有风险，一旦失败亏损，就有可能债上加债。

如果选择先还债，由于没有余钱开源，还债进度可能会非常缓慢，还清负债也许是好多年后的事情了，也就失去了利用复利放大收益的机会。

因此，想投资却又身背负债的人，常常会陷入两难的境地。

其实在思考这个问题之前，你需要先搞清楚，自己背负的是什么样的债？

如果是房贷这样的优质资产负债，可以不用太担心，因为它本身已经算是理财投资的一部分了。

而如果是不良负债，那就需要先想一想，自己为什么会背上这样的债？从我自己和我身边的人负债的情况来说，常见的不良负债通常是由以下两个原因导致的。

（1）花的钱比赚的钱多，入不敷出导致的负债

有一本叫《饱食穷民》的日本纪实文学书里也提到过这样的案例。一个东京的银行女职员，和大部分女生一样，看上了一个超出自己消费能力的奢侈品包，便打算使用小额信贷贷款购买。本来只想借几万块，可贷款中心看她职业收入稳定，一下子给她批了几十万的贷款！这个女生也没能抵抗住诱惑，用买完包剩下的钱出国旅行，购买貂皮大衣、珍珠项链……钱很快挥霍一空。临近还款日期无法偿还，她便只能去另一家贷款中心贷款还债，拆东墙补西墙，最后的结局相信也不用我多说，利滚利，滚出了几百万元的巨债。

这样的案例在我们身边数不胜数。比如我认识一个女生，在北京拿着 8000 元的月薪，平时花费也不低，生活已经比较拮据。她一直觉得自己长得不够好看，爱美心切的她不惜贷款好几万做了整形手术，想着分期还款慢慢还清，没想到遇上了疫情，她失业了。贷款逾期，利息也越来越多，慢慢变成了一笔很难还清的负债。

（2）做了超过自己风险承受能力的投资，失利亏损造成的负债

我就曾遇到过这样的事。学生时代，我连股票是什么都不知道，仅仅听同学说有一位非常会炒股的“股神学长”，就找家人朋友借了 1 万元钱拿去给学长炒股，满心欢心以为很快就会赚得盆满钵满。结果自然是血本无归，并且亏光钱的速度快到令我愕然。

虽然亏了钱还欠了债，但这件事算是我不可多得的人生一课。还清负债后，我到现在再没有背负过负债（除了房贷），也再没有做过任何自己不懂的投资。

因此，如果你现在有负债，我建议你先找出负债的原因并且进行改进，否则即使你开始投资赚到了钱，也不过是用来还清下一次的负债罢了。找到原因后，如果手上还有一笔钱，我会建议你先还债，而不是先投资。原因很简单。一方面，债务一般都有利息，越早还完，省的钱越多；另一方面，是为了控制风险，避免因为投资失利再次亏损。

当然，还债也是理财的一部分，可以算作是一种“防守型的逆向投资”，是在把本就属于你的财富找回来。早还一块钱，多省一块钱，其实也是给未来的自己多赚了一块钱。

要知道，负债的利息一般都远高于理财投资收益，想想看，就算你每个月都用 1000 元去投资，赚到 8% 的年化收益（已经算很不错），但如果你欠着信用卡，一年的利息就高达百分之十几甚至二十几，最后你还是亏着钱。换句话说，存了钱好像没存到，赚了钱好像也没赚到，不过是一直在给债主打工。

通过还债，可以增加每个月的现金流。随着每期还款金额越来越小、贷款利息越来越低，你的可支配资金也会变多，之后再去投资积累财富，速度也会变快。

还债是为了让自己尽快拥有足够且稳定的现金流，有完善投资策略的基础。

而且，投资本来就是一场长跑，如果背着债跑，负担太重。

投资都是伴随着风险的，如果你在投资的时候还背负着还贷的压力，风险就更大，就像是长跑的时候，有一股阻力一直在后面拖着你，你就很难跑得快。

可以想象一下，假设你面前有两个一样大小的水桶，分别有一个进水的水管。第一个水桶底部有一个破洞，但水管更粗、进水速度更快；第二个水桶是完好的，但水管直径小、进水速度慢。你觉得哪个桶会更先装满水？

乍看之下，好像应该是第一个桶，毕竟进水多、水位上升快。但是问题的关键在于，一个漏水的水桶是永远装不满的。你的负债带来的每月必还的利息，就如同水桶底部的洞，正在不知不觉漏掉你的资金。

因此，在有负债的情况下，第一件事永远是还清负债，第二件事是存钱，第三件事才是开始投资。

如果你现在已经有债务要还，那就要乖乖地开始省吃俭用了。每个月扣除生活必要开销，剩下的就要用来还债和存钱了，等你把债务还清再对自己好一点也不迟，也更可以尝到苦尽甘来的滋味。

另外，趁着还债的这个时期，也可以充实自己的头脑，学习科学的理财观和稳健、适合自己的投资方式。

3. 为什么投资一定要用闲钱

大家都听过“杠杆”这个词，什么是杠杆呢？可以用阿基米德的一句名言解释：“给我一个支点，我就能撬起整个地球。”杠杆就是以小放大，通过借钱的方式增加自己的本金，试图增加额外的收益。

有人会想，银行贷款利率相对比较低，那我去银行借钱然后用于投资获得高于贷款利率的回报，岂不是空手套白狼，赚得超爽？从数字上来说是有可能，但投资理财之所以有趣，就是因为它不只是一个计算数字的游戏。

杠杆对应的获利模式就叫“套利”，比如前面说的这种从银行借钱、然后转投到预期回报率比贷款利率更高的地方，如此一来，不需要本金就能赚到钱。然而，实际上能成功套利的人少之又少。绝大部分以为自己在用杠杆套利的人，更有可能是在“套损”。

因为任何投资的预期回报率，都不是定值，而是一个会变化的变量，但银行的贷款却是百分之百一定要还的。

当你投入了本金，接下来会产生多少收益，是由市场来决定的。即使你可以通过分析、预估，算出期望的报酬，但市场瞬息万变，“黑天鹅”随时可能到来，你投资获得的实际收益结果会受到市场变化、真假消息、行业发展、公司运营、政治环境、国际金融事件等因素的影响，没有人能够准确预测。当你的投资以亏损收场，银行也并不会因此少收你一分钱的利息。

事实上，杠杆本身只是一个工具，只有极少数人拥有正确合理运用财务杠杆的本事和具备承担这个杠杆所带来的风险的能力。

因此，有一个理财的基本原则，大家必须要记住：投资一定要用闲钱！

所谓的闲钱，必须满足两个条件：你短期内不会用到；即使这笔钱没了，也不会影响到你的正常生活或是降低你的生活质量。只有这样的钱，才可以用来投资。

为什么必须用闲钱投资？

首先，因为投资是一项周期很长的工作。

任何一种投资方式都有一定的周期性，很难一夜暴富。例如我国国内的股票市场，一个完整的牛熊周期大致需要5~7年，且波动很大、风险极高，短期的市场涨跌都是正常的。你入场开始投资的时候，是完全无法预测市场涨跌的，因此你唯一能掌控的就是，降低你投入的这笔钱对你的影响。

如果你用来投资的这笔钱是闲钱，即使短时间内出现亏损，也不会影响你的正常生活，你可以从容不迫地持续投资，获得长期收益；但如果不是闲钱的话，你可能会战战兢兢、忧心忡忡，如果你提前离场就可能导致亏损。

对我们影响最大的，不一定是投资能获得多高的回报，而是在遭遇风险的时候，我们能承受多大的伤害，让自己还可以继续留在市场上等待下一次的机会。就如同巴菲特说过的这句话："只要你不犯太多错误，人的一生只需要做对几件事就好。"

其次，因为投资是一件高风险的事。

投资和理财不同，因为投资的目的是追求收益，自然也伴随着风险。

如果你投入的真金白银不是闲钱，而是你用来买房、装修、看病、结婚甚至是用来当作孩子学费的钱，那么这笔钱一旦出现亏损，可能会严重影响你的生活。

天有不测风云，人有旦夕祸福，谁也不知道明天会发生什么事。你可能会突然出交通事故，可能会忽然病倒，可能会因为公司不景气突然被裁员……这些意外都有可能让你突然失去收入。因此，开始投资前，必须先留出一定金额的“紧急备用金”，就是救急用的、随时需要就能随时拿出来的一笔钱，需要保证钱的本金安全并且能够灵活地随取随用。这笔金额最好是 3~6 个月的生活费，也就是能给自己留 3~6 个月的缓冲期。即使遭遇突发意外，3~6 个月没收入，也不会影响你的生活。

当然，你需要通过记账知道自己到底一个月需要多少生活费，这样才能有目标地存钱。存下的这笔钱无论如何不能轻易动用，也不能用于投资或做其他事情。存够这笔钱后多出的钱，才能算作闲钱。

如果手上还没有闲钱，那就别急着投资。因为投资不是比速度，不用心急，也不要妄想一夜暴富。投资就好像盖楼，想把楼层盖得更高，你的地基需要稳。这个地基，就是投资前的各项准备，包括理财、存钱和还债。

我曾经看到过一句话，印象很深刻：“有两件事将会定义你：当你一无所有时你所拥有的耐心，和你拥有一切时你对别人的态度。”

对刚开始理财投资的新手来说，就是当你处于一无所有的状态时，你必须有耐心去学习、摸索、纠正错误。很多人羡慕别人投资赚到了钱，害怕自己再不参与就来不及了，基于“怕错过”的心理，急匆匆掏出口袋里的钱跟着去投资，结果很可能欲速则不达。

投资不是在你能拿出钱的时候才开始，而是在你做准备的时候就已经开始了。所以，不管是还债、存紧急预备金还是准备闲钱的过程，其实都是理财投资的一部分。在这个过程中，你最需要的就是耐心。

当你还清你的债务，并且存够至少 6 个月的生活费后，剩下的钱才算闲钱，你拿去投资赚到的收益，才是真正属于你自己的财富。

4. 五个理财盲点

大家都听说过盲点。我们的眼球内有一个中心点，因为没有感光细胞，所以脑部无法形成影像，被称作“盲点”。生活中那些我们留意不到的事物或是没有掌握的知识或技能，也都被称作盲点。盲点不光眼睛有，生活中有，思想上有，甚至连理财中也会有。很多人一直存不下钱，或是存了钱之后又莫名其妙地花掉，还有下定决心理财却迟迟无法取得任何成效，问题都出在自己的理财盲点上。

有五个盲点，是我观察到大部分人都会有却察觉不到，常常身在其中而不自知的。

第一个盲点是搞错了存钱的顺序，总是把钱花掉之后才开始想存钱。

很多人喜欢先花钱，再存钱，领到工资第一件事就是先消费、犒赏自己，到了月底看看账上还剩多少钱，再把它存起来。但这样做的结果就是，你基本不可能存下任何钱。

先存，再花，是绝对不能改变的存钱守则。

绝大多数穷人和富人，在一开始都会经历为别人工作、获得工资这个人生中必经的起步阶段，但不同的是，有的人会一直停留在这个阶段，而有的人，会利用这个阶段的收入为自己未来的财富打下基础，积少成多。你未来的财富，其实都是从你现在的工资开始累积。

第二个盲点，总是喜欢说“钱没了没关系，再赚就会有！”

这句话从字面意思上来说没毛病，钱的确是再赚就会有。该花的钱必须花，比如为了健康进行的健身、保险、医疗等支出或是为了提升自己买书、买课、学习的费用。花这些钱的时候，你可以告诉自己“钱花了再赚就有”，来让自己花钱花得安心，但千万不要把这句话无限扩张到消费上。

因为钱，是你花时间才能赚来的，而每个人能够赚钱的时间是有限的。钱，真的不一定再赚就有。

我们大部分人一生中的收入，是一个倒U型曲线，在你年富力强的时候，收入达到顶峰，但随着你年龄增加、体力下降，你的赚钱能力也会逐渐下降。“钱再赚就有”的说法，也忽略了时间的机会成本和可能带来的复利价值，钱或许真的再赚就有，但你损失掉的是时间，而时间，再也不可能赚到。

我们这辈子都只能赚到有限的钱，所以请把你的收入看成是你付出时间精力交换的结果，认真对待每一笔钱，才是在认真对待自己的未来。

第三个盲点是，从来不做预算。

很多月光族觉得自己之所以存不下钱，是因为赚的钱太少。但其实真相是，就算给他们再多钱，他们到了月底一样会花得一分不剩，除非他们现在开始学会做预算。

想一想，你第一次到一个陌生的地方，必不可少的东西之一，一定就是地图导航。如果没有地图，即使心里有一个目的地，你也很难到达，大部分时间都是凭着感觉在走回头路或是原地打转。

在理财当中，我们也一样需要“导航”。预算，就是你的财务蓝图。它能够让你按照自己预估的计划来花钱，而不是“凭感觉花钱”。

想取得工作中的成就，大家都知道要学会时间管理、设定工作目标、制定计划并按计划执行，其实理财也一样。制定财务预算，能够让你在收入和开支之间取得平衡，更有效率地花钱，达成理财上的目标。

预算虽然很重要，但在理财中却常常被人忽略。你可以调查一下身边的朋友，看看有多少人有做财务预算的习惯，有的话又能坚持多久？通常来说，如果没有被生活逼到绝境，很少有人会切身实行预算这件事。

预算，就是有计划地花钱，预先将钱存到位。拿到工作收入后，把该花的钱拿出来，把该存的钱留下来。做好预算，做好分配，学会设定目标，你的生活才不会漫无目的。

第四个盲点是拼命存钱，却不懂得如何花钱。

很多人开始理财之后，就进入了一个疯狂存钱的误区，节衣缩食、不敢花钱。但其实理财，顾名思义，是管理好自己的财务，而不是完全不花钱。只存钱不花钱带来的财务状况，也未必健康。

金钱其实是一种交换资源的货币。在货币被发明以前，我们可以直接交换工作成果，例如渔夫用捕来的鱼去交换隔壁村民家里养的鸡。有了货币之后，我们只不过是先把自己工作努力的成果换成金钱，再用金钱去交换自己想要的东西或资源。交换资源，才是金钱的价值。如果你只是把钱存起来一动不动，那么金钱也就失去了它的意义。

理财不是让大家不花钱，而是学会聪明地花钱。适当消费是为了更好地鼓励自己，适当投资是为了稳定地积累财富，你花出去的每一分钱，都可以是有目的的。

存钱自然是一件好事，但也不要因小失大，被金钱捆绑住。只要做好规划、预算，有计划地花钱，就不用担心花过头。毕竟，我们也要学会感受金钱的善意。

第五个盲点，把别人短期获得的报酬，看成自己长期会有的获利。

有一个说法是，如果你找一万个人来抛硬币，猜硬币的正反面，总是会有人连续猜对好多次；如果你找一百万个人来买彩票，总是会有人中奖。只要基数足够大，一切皆有可能发生。

投资也是这样，只要参与的人数足够多，就一定会有人在短期内赚到超高的收益。这也是我们为什么总听到有人年化收益率好几百、短时间内本金翻了好几倍这样的暴富神话。也许他们当中的一些人的确有自己所谓的一套方法，但问题是，换一个人，就一定能复制这种暴富的奇迹吗？且不说换一个人，就算让同一个人再重来一次，他一定还能够获得同样投资回报吗？很多情况下，所谓的“暴富方法论”，都不过是马后炮罢了。

就好比一个中彩票赚了1000万元的人，跟一个努力工作存钱10年赚了1000万元的人，如果两个都重来一次，你觉得谁更有可能再次赚到这1000万元？

投资是一件长期的事，我们所说的市场规律，更多的是站在一个长远的周期来总结，而短期内市场会经受到各种因素的影响产生波动。最愚蠢的就是把别人短期甚至某一次偶然的投资获利，看作自己可以长线复制的预期投资回报。

还是那句话：我们永远赚不到自己认知以外的钱。

以上的五个理财盲点，如果你也不幸被言中，需要尽快让自己脱离出来。在真正开始投资之前，扫除自己的盲点，更全面更科学地理财。

5. 什么是存钱效率

在存钱的过程中，大部分人关心的都是存下来的金额，却鲜少有人关注到存钱效率这个指标。我自己也是在理财几年后，才慢慢发现存钱效率其实比存多少钱更重要。

如果只以最终结果来看，存下的钱自然越多越好，但如果忽略了存钱效率，会拖慢你存够这些钱的速度。

那什么是存钱效率呢？

打个比方。假设小 A 和小 B 一样都是每月收入 20 000 元，其中小 A 每月能存下 6000 元，小 B 每月能存下 8000 元。乍看之下，我们都会觉得小 B 比较会存钱。但是，小 A 每个月的必要开销是 10 000 元，而小 B 每个月的必要开销是 5000 元。现在，你还会觉得小 B 比小 A 更会存钱吗？

这个时候，我们要比较的就不仅是存款的绝对值了，而是需要参考存钱效率。小 A 在扣除每月必要开销之后，剩下的可支配金额为 10 000 元，因此他的存钱效率：

6000/10 000=60%

而小 B 扣除每月必要开销之后剩下的可支配金额为 15 000 元，因此他的存钱效率：

8000/15 000=53%

也就是说，虽然小 A 存下来的绝对金额不如小 B，但他在存钱效率上是胜过小 B 的。两人的收入不会一直不变，长此以往，可以说小 A 的财富积累速度会慢慢超过小 B。

存钱效率是基于每月的可支配金额来计算。也就是说，我们要先扣除每月的必要开支，比如必要的衣食住行花费、房租房贷、水电网费等，在剩下的可支配金额里，要看哪些是花在了吃喝玩乐购物等非必要支出上，哪些是真正能存下来的。也就是说，要看自己原本能存下来的钱，有多少最终转化成了存款。

存款强调的是一个静态的数字，存钱效率强调的则是一个动态的比例。

存钱路上的一大阻碍就是，当收入提高的时候，我们会不知不觉把钱花掉来提升生活品质。资产还没升级，消费先忙着升级。名牌包包、潮牌鞋子、新款手机、游戏机……因为收入的增加，这些奢侈品就被我们列为消费品了。这样我们的可支配金额就大大减少。这就是很多高收入人群看着生活光鲜，实际上资产为负的原因。

我就认识一些这样的女生。她们的收入本身不低，于是每天打扮光鲜，出入各种高档餐厅和奢侈品店，在社交媒体上发布到处旅游的照片，收获着别人的羡慕和点赞。但其实我知道，她们没有存款，没有资产，有的只是满满的信用卡负债。或许现在还看不太出，但随着年岁增长，很快就会暴露出她们这种生活方式所带来的弊端。

理财是对人生的长期规划，我们追求的不是别人眼中的光鲜亮丽，而是更早地过上自己真正想要的生活。

这也正是我们需要注意存钱效率的重要原因之一。如果只看自己存下了多少钱，很容易被存款的金额所蒙蔽，却忽略了效率。

再举一个例子。小 A 现在每月的收入是 20 000 元，每月的基础必要开销是 10 000 元，剩下的 1 万元可自由支配的资金中，2000 元用于其他花费，剩下 8000 元存起来。工作几年后，小 A 的收入增加到了每月 30 000 元，决定每月拿出 10 000 元存起来，比起以前的 8000 元更多了，小 A 觉得很开心也很满足，看到存款越来越多、觉得自己正在慢慢变富有。

问题来了。你觉得涨薪之后的小 A，变富的速度有增加吗？表面上看起来是，他存到的钱变多了，但比起原来的存钱效率，他反而倒退了。

加薪前，小 A 的存钱效率是存款除以可支配资金，也就是 8000/10 000=80%。而加薪后，由于必要开销并没变多，可支配金额也随着变多了，存钱效率变成了 10 000/20 000=50%，比原来的 80% 下降了不少。

当小 A 自以为存款变多了而感到高兴时，并没意识到他的存款效率反而降低了。存款数字的增加容易给人带来一种幻觉，让我们以为自己已经在财富自由的道路上飞速前进。但有时候这只是表面现象，虽然我们提升了结果，却没有提升效率。

哪怕只是维持以前的存钱效率，小 A 的财富增长通道也是可以更快的。如果在加薪后，小 A 有意识地维持自己 80% 的存钱效率，就应该拿出可支配资金的 80% 存起来，也就是 16 000 元，而不只是存 10 000 元就觉得满足。在此基础上，他也完全有足够的钱可以进行奖励性的消费——存 16 000 元之后，他依然会剩下 4000 元进行自由花费，比原来的 2000 元多了一倍，完全足够他用来犒赏自己。

你看，保持高的存钱效率和适度提升生活品质，两者是不是完全不矛盾？

这就是理财的有趣之处。有时候只需要稍微转换一下观念，改进一下原有的方式，就会取得意想不到的结果。即使只是存钱这样一件小事，当你注意到存钱效率，而不只是和大多数人一样仅仅关注最后的存款，你就可以更高效地运用自己手上的钱，获得事半功倍的效果。提升存钱效率，可以在赚同样收入的情况下，存下更多钱用于日后的投资；更重要的，在收入增加的情况下，把多出来的钱花到更关键的地方。

这些平时很少被人注意到的细节，其实才是理财投资中致富的关键。

6. 该不该用信用卡

很多人有了存钱的意识之后，就觉得要避免一切可能会让自己过度消费的事物，其中最典型的就是信用卡。

一听到信用卡，很多人眼前浮现的是还不清的账单、冲动刷卡、提前消费……对于自制力差、缺少强大理财观念的人来说，信用卡改变了这部分人的消费习惯，让他们把不该花的钱提前花掉了，甚至透支了他们的未来。

但也有人觉得，信用卡是一种非常好用的工具，它使用方便、资金周转也方便。最重要的是，每个月的消费都可以晚一个月支付，却不用支付利息，如果把这笔钱放在银行里或是去理财，一个月后再支付信用卡账单，不就相当于白送了一个月的利息钱吗？除此之外，它还能积累信用，积分还能兑换星巴克咖啡，怎么会有人不愿意用信用卡呢？

那我们就来说一下，信用卡到底该不该用，可能会带来哪些利弊。

最早的信用支付出现在 19 世纪末的英国，它专门针对有钱人购买昂贵的奢侈品却没有随身携带那么多钱的情况而设计，发展出了所谓的“信用制度”，利用记录的方式先赊账，之后再还款。

20 世纪 50 年代，第一张针对大众的实体信用卡出现了。有一次，一位纽约商人在饭店用餐，由于没有带足够的现金，只能让太太送钱过来，当时他觉得非常尴尬，于是他组织了“食客俱乐部”，任何人获准成为该俱乐部会员后，只需要带一张会员卡，就可以到指定的 27 个餐厅记账消费，不用支付现金。这就是历史上第一张信用卡的诞生。

后来，随着俱乐部签约合作的对象越来越多，可供临时透支服务的范围越来越大，人们也习惯了这种不用携带现金的交易方式。再后来，美国富兰克林国民银行发行了第一张金融机构信用卡，此后其他银行也纷纷效仿，信用卡就这样普及了起来。

那银行通过信用卡，可以赚到什么呢?

第一，信用卡年费。信用卡的等级不同，年费也不同，有的信用卡只要你刷满要求的额度，就可以免年费。有的高级信用卡，年费则高达好几千元，当然办卡门槛也比较高。

第二，循环利息费用。循环利息是在我们未能全额还清欠款时产生的利息，从账款记账日起，到该笔账款还清之日，这中间的时间就是计息天数，一般会按照万分之五的日利率来计息，并且按月收取复利，直到全部还清为止。

第三，预借现金的手续费和利息。信用卡一般都提供预借现金功能，除了手续费，也会产生循环利息。

银行通过信用卡能赚的这些钱，也是我们使用信用卡可能会支出的费用。可别觉得万分之五的日利率听着很小无所谓，累积下来可不小。

我曾经就比较马大哈，收到信用卡账单大多只是扫一眼就把钱还了，结果某一次收到账单，记账期最后一项竟然出现了三位数的循环利息，我吓了一跳，自己一向都是老老实实按时还款的啊？

仔细核对了半天，发现有一次出国旅行的消费，账单只提醒美元还款额，但是汇率又存在实时变动，导致我自己计算时少算了一些。最后还款总金额其实就差了20元钱，即使按照万分之五的日利率来算，也不至于产生三位数的循环利息吧？我打电话询问银行客服，才上了一课：原来，只要到期还款额不足，哪怕只少还了一分钱，也是以本期账单的总金额进行计息的！

最后也只能老老实实还清欠费，并且提醒自己，信用卡多少是有陷阱的，别忘了警惕这免费的午餐。

但是信用卡也有它实实在在的好处。最重要的，就是可以帮助我们累积信用。

比起在30岁之前实现财富自由、提前退休这样的豪言壮语，我觉得对于大部分普通人来说，30岁更需要的，是建立良好的个人信用。无论在哪个国家，作为一个成年人，建立良好信用是立足于社会的重要一步。

平时不用信用卡好像也不会太影响日常生活，但一旦买房买车需要贷款的时候，银行就会根据你的个人信用来判断是否可以贷款给你、能批多少贷款给你，而如果你从来没有用过信用卡，这个时候你可能就会发现，你的个人信用这一栏是空的。

在现代社会，信用不仅是在贷款买房买车时才发挥作用，信用消费其实已经渗透到了生活的方方面面。我在美国生活的时候，就连租房也是需要查看个人信用记录的。在越发达的社会，信用体系就越重要。

你的信用决定了贷款申请到的额度和还款利息的多少，良好的信用可以让你在几年里省下一大笔钱，也能多出很多投资机会。也就是说，信用决定了你能买什么，不好的信用会导致你什么都买不到。

如此重要的信用，建立起来也很容易，你只要按期全额还清你的信用卡账单就可以。

除此之外，信用卡还有一些别的好处，例如积分可以兑换咖啡，可以享受一些额外福利……

因此，当你开始工作有收入之后，我会建议你办一张信用卡，慢慢开始累积自己的个人信用。但用信用卡时，必须注意以下几点原则：

第一，不要过多关注额度，只申请符合自己消费能力的额度。

很多人拿到信用卡的第一件事情，就是看银行给的额度上限是多少，并且喜欢攀比——如果身边的同事、朋友都有好几万元甚至数十万元的信用卡额度，但自己却只有几千元或 1 万元的额度，会感觉银行看不起自己的消费能力。

其实银行只是一个金融机构，要想被银行看得起，你就得给到一定的证据支持，例如存款证明、收入证明……如果你的存款或月收入很高，那银行不可能不给你批准高额度，要知道，银行就是希望你消费，才有机会收到高额的循环利息，你消费得越多，银行越开心。

因此我的建议是，第一张信用卡的额度，千万不要超过自己的月工资。并且，你可能会在开始使用信用卡一段时间后，发现银行鼓励你提升额度，这当然是一种对你信用的肯定，但是先别急着开心地答应提额——你真正需要注意的不是刷卡额度有多少，而是如何做到不违约。

如果你每个月收入只有 1 万元，但拥有了 10 万元的信用卡额度，你觉得这是一件好事吗？乍看好像是，你可能会觉得，可以分期购买 10 万元的东西了呀。可是你有没有想过，万一后续资金的来源中断了（例如失业、生病），马上就会出现负债。如果你买的是房子，那么房子至少是一份保值的资产，你可以用它作为抵押。但如果你花 10 万元买了漂亮的衣服、珠宝或是去旅游吃了大餐，唯一给你留下的，就只有必须要还的信用卡账单了。

另外，如果你经历过信用卡分期还款或是用借呗之类的小额贷款来补之前欠下的透支债务，你就能体会到，当你每天去工作的时候，发现未来几个月你赚来的收入都不是你的，而是属于银行的那种感觉。同时，分期还款也会产生更多利息，就是一种拆东墙补西墙的行为。

而导致这一切的原因，都是没有量入为出。如果一个商品或服务，是你必须刷信用卡才能负担得起的，别再给自己找借口了，那可能不是你目前的必需品。

所以，要正确使用信用卡，你需要先学会控制信用卡和花呗的额度，不要盲目攀比，只消费自己能力范围内的额度，把信用卡当作一个现金的替代工具。

第二，一定要足额、按期还清所有信用卡账单。

既然开始用信用卡，就必须认真对待还款。

举例来说，很多信用卡的还款日期在月底，而大部分人的发薪日在次月月初。这样一来，到月底的时候上个月的积蓄已经花得差不多了，无奈只能欠缴几天，于是不仅信用受到了损伤，还要承担高额利息，反而得不偿失。这个问题的解决方法其实很简单，那就是打电话给银行客服，将信用卡还款日调整到自己发薪日的三天后就好了。

另外一件你可以做的事情就是，设置自动扣款。这也是我强烈建议每一个持有信用卡的人都应该做的。这样你不仅不会因为忘记还款而出现违约，同时也可以发挥资金的最大优势。

这两件事情其实都很基础，但银行通常不会主动提醒你，需要自己上心。

第三，不要只为了获得某项“优惠”去选择办信用卡。

很多人抵挡不了优惠、赠品的诱惑，因此办了很多信用卡，结果增加的管理成本比获得的优惠还要高。

有优惠当然很好，但还是建议按照你的生活习惯选择信用卡，够用即可。信用卡是为了让你的生活更方便，不要让它变成一种负担。

我到现在都只有一张信用卡，额度也并不是很高，完全符合我自己的消费能力，并且支持多种货币，国内外都能用。消费集中、管理也方便，不需要去记住不同的还款日期，也不需要携带很多卡或是在手机上绑定不同的卡。通过一张信用卡就能达到消费记账的效果，比拥有一大堆信用卡更适合我目前的财务情况和生活习惯。

并且，我也从来不用花呗，任它优惠福利再多也不用。一张信用卡已经足够满足我的消费，并且，我为自己设定的生活费是固定的，不会有多少额度就刷多少，否则信用卡刷完了再伸手向花呗，就掉进“卡奴”的陷阱里。

总的来说，信用卡只是现金支付的替代方式以及一个积累信用的工具，信用卡可以有，但一定要用正确的态度去对待它。

一开始，尽量办一张额度较低的信用卡或者根据自己的历史生活习惯，为自己设定一个生活费标准，每个月从自己的收入中划出这部分生活费到一个账户中，然后只从这个账户里还信用卡。也就是说，你不再以银行给你设定的额度为准，而是以你自己给自己设定的额度为准。如果花完了，就不再花了。

当自己无法使用信用卡和花呗时，你会比平常更加关注自己这个月还剩多少生活费可以花，因为你明白一旦钱花完了，你就无法继续消费了。

从今天开始，你就可以去办一张额度合适的信用卡，一步步建立自己的个人信用，同时也需要建立良好的信用卡消费习惯，戒掉挥霍的透支消费方式。

说到底，了解自己的消费习惯、懂得衡量自己的经济能力，学会区分“想要”和“需要”，知道如何控制自己的消费欲望，是使用任何金融工具的前提，信用卡也不例外。

第八章

一步步开启理财规划

1. 科学理财六步走

从本章开始，我们将进入理财的具体知识学习。

理财本身，和咱们上学一样，是有难度等级的。难度越低的，风险也越低。新手就可以从这些风险小、难度低的学起，然后一步步进阶。

支付宝曾经给几亿用户画了一条科学理财的路线图，这个路线图把科学理财大概分为了六步，分别对应着小学一年级到六年级。不同阶段的理财，也有着不同的收益和风险。我们也可以根据这个收益和风险，来分配自己的资金。

其中，银行存款，算是最基础的一种，它简单易操作，没有难度，但这种理财方式连通货膨胀都跑不过，收益也基本可以忽略。

而大家都会用的余额宝、零钱通，才是理财一年级的内容。余额宝和零钱通的本质，是货币基金，关于货币基金的更多知识我们后面还会讲到。这类产品市场上其实很多，而且和余额宝一样的稳定，但收益略有区别。

二年级的产品，就是定期理财了。所谓定期理财，不是银行的定期存款，而是指国债、政府债、银行理财等。它们收益比较固定，而且一般会比余额宝这类货币基金高出一截。

三年级的产品，就是这些年很流行的指数基金定投了。这类产品，接下来可能会代替余额宝的地位，成为人手一份的理财神器。因为它其实比较简单，而且年化收益做到 8%~15% 并不算太难。如果你懂得投资的方法，或者运气很好的话，收益率可能会更高。

再往后，就是主动管理型的基金了，这类基金和指数基金不一样，是由专业人士来打理的，因此收费高一点，风险大一点，收益有可能高也有可能低。重要的是，这类理财对你的要求会高一些，你需要做一些研究学习，才能选出适合自己的产品，因此这就是理财四年级的内容。

至于股票，其实是大众接触的投资渠道里风险最高的一类产品，可以算是理财五年级的内容。很多人都是在股票里亏了不少钱之后才发现，原来股票比自己想象的难很多。

六年级，就更复杂了，叫作资产配置。也就是一个人或者一个家庭里，上面各种类型的产品，都需要配一点。好比吃饭要荤素搭配才能营养均衡，我们在科学理财的时候，也需要合理搭配，才能让自己的理财计划更均衡。

想合理搭配这些产品，我们就需要先了解一下他们各自的特点，主要是风险和收益。

一到二年级的产品，都可以被归类到债权类产品。所谓债权类产品，就是借款关系，是基于债权债务而产生的关系，借款方需要按照约定还本付息。债权类产品通常会通过抵质押或者是连带责任担保的方式提高借款人的违约成本，一旦违约，便可以处置抵质押物资产保证投资人的利益，所以债权类的产品风险比较低。

余额宝这类货币基金产品，年化收益差不多是 2%~4%，它的收益是浮动的。虽然收益看上去不高，但好处是可以随取随用。这类活期产品，是我们必不可缺的一部分。

二年级的产品，就是定期理财，专业名词叫“固定收益类产品”，简称就是“固收”。这个说法比较形象，也就是说，它的收益不像余额宝那样会变化，而是一个固定的数字。双方事先约定好一个利息，你到期拿回本金和利息就行了。但是这类产品你一旦买了，就没法像余额宝那样随取随用了。目前银行理财是最主流的固收类产品，收益差不多可以做到5%。这类产品因为风险相对比较小，而且买完之后基本不用管，所以是很多人的理财资金里最大头的部分。

但是大家千万要注意的一点是，这类产品并不是零风险的，它同样具有一定的波动性。所以在这类产品上，大家不要盲目追求高收益，而是应该更强调安全性。

在固定收益的定期产品后面，三到五年级的产品，就都是另外一个种类，叫作股权类产品。

如今市场上投资理财的产品种类繁多，但基本上都可以分为这两大类：我们前面说到的债权类产品，还有股权类产品。

股权类产品，就是企业通过股权的形式进行融资，是一种风险、利润共存的投资模式，投资人所承担的风险较高。如果所投资企业业绩良好，则可以获得高额回报，如果业绩不理想，就可能会面临投资亏损。

无论是指数基金、主动基金还是股票，本质上都是股权类的产品，谁都无法预测最终的收益，所以不可能给你一个固定的回报。这类产品的收益可能会比定期产品高很多，但也有可能会亏损，而且价格会一直变化。

三年级的指数基金，就是一个入门级的股权类产品。相对其他股权类产品来说，它的风险相对会低很多。而且，为了进一步降低风险，你可以使用定投的方式，来做长期投资，这个收益率一般有 8%~15%。稍微掌握一些技巧，收益还可以更高。

至于四年级、五年级的课程，就是主动基金和股票，这都是高风险高收益的产品，因此要求参与者有一定的金融专业技能，比如了解行业背景、懂得基本的财务知识。更关键的是，还要有良好的心态。千万不要只看到收益，不注意风险和门槛，盲目投资。

一到五年级的这些东西，我们都需要了解一点。因为他们各有各的用处，我们可能多多少少都需要配一点。这就是理财六年级的内容：资产配置。这个部分我们会在后面详细介绍。

一般来说，我们可以把家里的资金大致分成四份：保命的钱、救急的钱、安稳的钱和赚钱的钱。

保命的钱是用来做风险保障的。比如说，如果你因为意外受伤，或者突然生病，不仅没法工作赚钱了，还需要花费大笔的医疗费。保障的方法就是买商业保险。业内有句话叫作“没有保险的理财，就是一场裸奔”。好在现在大家这方面的意识都越来越好了。

救急的钱，是用来应付家庭紧急开销的。比如说你所在的行业大裁员了，或者老人生病需要一笔医疗费。所以稍微稳妥一点，家里要留半年的生活费，放在余额宝这类活期产品里，可以随时应急用。

安稳的钱，主要用来买银行理财这类定期产品。这个安稳，主要是以跑赢通货膨胀为目标，也就是让你的财富可以保值。

赚钱的钱，就是用来定投基金或者买股票，这笔钱是用来进攻，博取高收益的。也就是让你的财富可以增值。

一般来说，安全的定期产品，会占去你 50% 左右的资金。剩下的钱，有了保险和活期产品之后，再去考虑增值。

总结一下，如今市场上投资理财产品种类繁多，但基本上都可以分为这两大类：债权类产品，股权类产品。

理财要循序渐进，新手可以先从余额宝、零钱通这类货币基金开始操作，然后是定期产品，再就是指数基金等股权类产品。熟悉之后，再去尝试更难和风险更高的产品。随着你对市场越来越了解，风险承受能力也越来越大，理财产品的配置比例也可以跟着慢慢调整。你积累财富的速度，也会越来越快。

2.资产配置的黄金公式

当你准备好了紧急备用金,也攒下了一部分闲钱准备投资,接下来的问题是,该怎么调整现有的资产配比,拿出多少钱作为投资的原始资金呢?

这里就进入了我们上一节所提到的“六年级课程”——资产配置。

资产配置这个概念听上去很大,但其实也可以用一句简单的话来解释:不要把鸡蛋放在同一个篮子里。

如果用更专业的说法,就是经济学家哈里·马克威茨所著的《资产选择》一书里讲到的:多种资产的组合,能够比单一资产更优。也就是说,通过选择各种金融产品,每种购买不同的比例,来分散风险,博取高收益。

资产配置的目标,就是希望能够平衡投资的风险,用最小的成本、最短的时间获得最高的回报。这就是资产配置的根本目的。

指数基金教父,也是领航投资的创始人约翰·博格曾说过一句话:绝大多数人都很重视回报,但是只有少数人会管理风险。而资产配置简单来说,就是在获得理想收益的同时,把风险降到最低。

那怎么做资产配置呢？接下来，我们就有必要一起来了解一下资产配置的黄金公式：标普四象限图。

说到标普四象限图，就不得不先介绍一下标准普尔公司了。标准普尔公司是世界三大金融评级机构之一。可能很多人都听说过“标准普尔 500 指数”，简称“标普 500 指数”，也就是美国的股市大盘指数，包含了全美股市最有代表性的 500 只股票，这个指数就是由标准普尔公司创建并维护的。

除了标普 500 指数，标准普尔公司还做了一项伟大的贡献，就是创建了“标普家庭资产四象限图”，简称“标普四象限图”。标准普尔公司曾经调研了全球十万个资产稳定增长的家庭，并分析总结出他们的家庭理财方式，从而得到了标普家庭资产四象限图。这个四象限图，也在全球范围内被公认为最合理、最科学、最稳健的家庭资产配置方式。

标普四象限图将家庭资产分为四个账户，分别为日常开销账户、杠杆账户、投资收益账户和长期收益账户。这四个账户作用不同，资金的投资渠道也各不相同。只有拥有这四个账户，并且按照固定合理的比例进行分配，才能保证家庭资产长期、持续、稳健的增长。

第一个账户是日常开销账户。通俗地说，就是要花的钱。这个账户一般应该占到家庭资产的 10%，账户金额应该是家庭 3~6 个月的生活费。

日常开销账户，一般就放在活期储蓄中就可以，随取随用，用来保障家庭的短期开销、日常生活等，平时我们吃喝玩乐、购物娱乐、美容旅游等都应该从这个账户中支出。

这个账户听上去很简单，但最容易出现的问题就是占家庭总资产的比例过高。很多时候，也正是因为我们在日常开销账户中放了太多钱让自己花，导致没钱放到其他账户，也就更不用说投资的本金了。所以，这里又再次提到我们前面强调过的存款原则：一定要先存再花，而不是先花再存。

当你按照标普四象限的原则给自己的日常开销账户设一个10% 的比例上限，就可以很好地控制这个账户里的金额，有效达到理智消费的目的。

第二个账户是杠杆账户。通俗地说，就是保命的钱。这个账户里的资金一般应该占到家庭总资产的 20%，为的就是以小博大，专门解决突发的大额开支。

之所以叫杠杆，因为我们都知道杠杆就是起到以小博大的作用，而最典型的金融杠杆之一，就是保险。可能平时只需要每月交 200 元，当小概率的意外事件真的发生时，便可以换取几十万元的赔偿金额。这个就是以小博大的概念：平时不占用太多钱，等需要用时，又有大笔的钱。

杠杆账户里的钱，一定要专款专用，保证在家庭成员出现意外事故、重大疾病时，有足够的钱来保命。

第三个账户是投资收益账户。通俗地说，就是生钱的钱，一般应该占家庭资产的 30%。

我们前面说到投资要用闲钱，所谓的“闲钱”，就属于这个账户。因为是闲钱，所以可以去做有风险的投资创造高回报，包括股票、基金、房产、企业、数字货币……任何投资都可以。

这个账户同样也需要控制比例。有人觉得，反正除去日常开销和保险，我还剩挺多钱，不如都拿去投资吧——要知道，市场是不断变化的。如果因为第一年股票赚了钱，第二年就把整个家庭 90% 的钱都拿去投资买股票，风险可想而知。

第四个账户是长期收益账户。通俗地说，就是保本升值的钱，一般应该占到家庭总资产的 40%。

这个账户虽然也叫“收益”，但和第三个账户不同。投资账户的目标是获得高收益，因此也可以承担相应的风险，但这个账户的重点在于“保本”，一定要先保证本金不能有任何损失，并且抵御通货膨胀的侵蚀。所以追求的收益不一定高，但一定是长期稳定的。这个账户里的钱多半是短期内暂时不会用到，但长期来讲是有用的，例如家庭成员的养老金、子女的教育金、留给子女的钱等。

因为这个账户的钱都是长期要用到，所以每个月或每一年都要有固定的钱进入这个账户，才能积少成多；并且要和企业资产、贷款等隔离开，不能把这个账户的钱用于抵债。我们常听到很多人年轻时如何如何风光，老了却身无分文穷困潦倒，就是因为没有这个账户，没有做好长期的规划。

在家庭资产的配置中，最关键的点就是平衡。现在你可以审视一下自己的资产情况，如果一味地想着要靠投资获得收益、赚够生活费，把钱都投入股市或者房产，但忽略了准备保命的钱或者养老的钱，哪怕你赚得再多，你的资产配置都是不平衡、不科学的，也就是说你不具备抗风险的能力。

中国过去的 15 年中，房价的大幅上涨使得很多人形成了一个印象，就是房价只涨不跌，但是理性地想一想就知道，这个世界上不存在只涨不跌的东西，不管是股市、房市还是人生都是如此，物极必反。邻国日本就是一个很好的参考。20 世纪日本经济衰退的 20 年，很多城市的房价都跌了 80% 以上。那些高位买了房子的人，特别是大量使用银行按揭贷款的炒房客，不但让房子成了他们的负资产，还倒欠银行一大笔钱。想象一下，如果中国的房价也出现这么一次大跌呢?

现在的中国家庭中，最常见的资产配置问题就是房子太多了，金融资产太少了。所以积累原始资金的第一步，就是需要将占比过高的资产比例降低，腾出来的资金，配置到其他更重要的资产上去，按照科学的配比进行分配，始终要记得那句话：一定要把鸡蛋放在不同的篮子里。

3. 常见的金融产品有哪些

金融市场非常大，针对不同的风险偏好、不同的财富管理的目标，有很多不同的金融产品可以选择。但说到底，整个金融市场只有两棵大树，一棵大树叫“债权”，一棵大树叫“股权”。为什么一定要提这两棵大树呢？因为，金融市场上的产品无论多么复杂，一定都是这两棵大树上的枝和叶，它的根部都是“债”或“股”。

我们可以通过一个非常通俗易懂的真实故事，来了解股权和债权的区别，从而进一步了解两个非常重要的金融产品：股票和债券。

我曾经在北京开了一家酒吧，假如酒吧运营情况很好，我现在准备开一家分店。选好位置后，我算了一下开店的资金，店铺租金、装修、人员以及进货等成本加起来，总的启动资金需要 200 万元。但我自己只有 100 万元的存款，对于还差的这 100 万元，我准备找身边的朋友们筹集资金。现在，我可以选择以下两种方法：

第一，找朋友借 100 万元。

有个朋友愿意借我 100 万元，但是这么大一笔钱，我也不能白拿人家的。于是我提出借款的条件是承诺每年 10% 的利息，年限是先借 3 年，到期后视具体情况决定是否续借。

此时我朋友向我借的100万元就是债，我们之间打完借条，就存在了债务关系，我朋友是我的债权人。等约定时间3年到了，我必须按照借条的内容，还本还息，否则我朋友可以去法院起诉我。这就是“债权投资”。

第二，找朋友投资我100万元。

也许有朋友会觉得我之前的酒吧经营状况很好，特别靠谱，非常看好我，于是我就说服朋友直接投入100万元，占我的新酒吧30%的股份，也就是占这个酒吧30%的股权。如果酒吧赚了钱，我会拿出利润的30%分给他。但如果生意惨淡，酒吧不幸赔钱关门，我朋友的这100万元就打了水漂。

此时我朋友给我的100万元，就是我朋友投资的本金。我们会签一份股东权益合同，规定可能存在的收益和风险，我和这个朋友之间就有了股权关系，他实际上做了一个“股权投资”。

这么一看是不是就清楚多了？

债权关系，说白了就是借钱。我朋友借给我钱，不管我是富了穷了、赚了赔了，都和我朋友没关系，到期我就要还给他这么多钱，如果不还就是违约，需要承担法律责任，朋友可以起诉请求追索。

股权关系，说白了就是入股。我朋友投资我，我盈利，他就盈利；我亏损，他就亏损。我没有承诺一定会给多少钱，也没有义务偿还他，只是根据我的经营状况，决定是否给我朋友分红。股权是没有追索权的，入股意味着你主动自愿，与这个公司有福同享，有难同当。

因此，债权类产品风险低、收益也低，而股权类产品，收益高、风险也高。

根据债权和股权这两个底层架构，金融市场演变出了无数的产品。

债权类产品中，最常见的就是债券了。

在上面的例子中，借贷关系很简单，就是我朋友把钱借给我。但实际情况中，不只是个人需要用到钱，公司经营甚至国家发展，都需要用到钱。如果一个大公司需要很多钱用于自身发展，它就可以面向社会大众借钱，把需要的借款拆分成很多份，同时找几百几千甚至几万人借钱，每个人都拥有一份和这个公司之间的借款合同，这就是企业发行的债券。

同样，有的银行需要资金周转，也可以用这种方式找人们借钱，也就是银行债券。政府、国家也一样，可以发行地方政府债、国债。这些都属于不同类型的债券。

股权类产品中，最常见的就是基金和股票了。

上面的案例中，我朋友是我酒吧的股东，这只是一个非常小的商业项目。假设我有一个 30 亿元的项目，很难有人一下子拿出 30 亿元，那么我就要找到 300 个朋友投资我。这时候，300 个朋友都需要同时跟我签入股合同，那每一份合同其实就有点像一手股票。有的朋友比较有钱，可能一个人就能借我 1000 万元，这个朋友可能一次性就签了好几份合同，拥有更多的股票。当然，在真正的股票市场中，上市公司的股票都是分成几亿份的。

股票因为不像债券一样存在到期还款的义务，风险会比较高，但也伴随着更高的收益。

沃顿商学院的金融学教授杰米·塞吉尔（Jermy Seigel），对美国自 1802 年到 2016 年的每一种资产的长期表现进行了研究，最终得出的结论是，在所有大类资产中，黄金的长期收益率仅高于现金，接近于 0，而表现最好的大类资产，是股票。

在这个研究中，我们可以通过这 200 多年不同资产的变化情况，得出不同投资的回报率。假设有人在1802年，投资了1美元到美国的股市，在214年后的2016年，这1美元产生的收益是113.6万倍，也就是1美元变成了113.6万美元！

我们再来看一下可以作为对比的债券。假设这1美元被用来投资了长期债券，收益将会是1649倍；如果投资短期债券，收益会是268倍。和股市的增长相比，债券虽然也有所增长，但差距相当明显。

如果这1美元被投资于黄金，收益将会是2.97倍——基本没啥变化。但是200年后的1美元，和200年前相比，不用我说你也应该知道货币贬值的情况了。这还不是最差的。如果一直持有着1美元的现金，什么投资都不做，那么200年后，你的资产将不足原来的1/20。再算上通货膨胀，其实你亏得更多。

从美国200多年发展的历史看，这个结论完全没有任何问题，也很容易理解，因为股票背后的公司，直接代表了人类所有的野心和欲望，也代表着人类技术的飞速进步。所以，这就是优质股票的价值所在。

如果担心股票风险太大，想获得稳健收益、分散投资风险，我们也可以选择基金。

所谓基金，就是每个人都出一点钱，把钱放在一起，由一个人统一管理这笔钱，这个人我们称之为基金经理。

我国市场可以参与的基金主要有两大类，一类叫作公募基金，在美国也叫共同基金；另外一类叫私募基金，在美国也叫对冲基金。公募基金历史非常悠久，最早的主动型公募基金在19世纪的美国就被发明了。这两种基金的区别只是在于募集资金方式不同，但是背后的投资逻辑都是一样，就是专业化的团队管理和使用众人的资金，进行分散化投资。

要选到一个好公司的股票需要不少专业知识，例如经济学、会计、财务、数学统计、行为金融学等，最好还需要对多个特定的行业有相当深入的了解。相比之下，基金投资就简单多了。以上各种专业知识，都让基金公司的基金经理和研究员去学好了，毕竟专业的人干专业的事。我们作为普通投资者，需要做的事情只有两个：选人和择时，或者干脆买指数基金就好。关于基金的内容，我会在第九章详细展开。

除此之外，公募基金这个大众化的渠道，还可以用来做资产配置：国内的配置可以覆盖货币市场、各种股票、各类债券，未来还会有 REITs 这类可以投资高端物业的基金；全球的配置则可以通过 QDII 基金，投资欧美亚太等多国市场的股票、债券、房地产，甚至还有大宗商品、黄金油气等。

股票还有一种衍生产品，它的收益甚至比股票更高，同时风险也更大，比较适合想暴富的人，那就是——期权。你可能听到过的“做多”和“做空”，就是在期货交易里才会出现的名词。期权就是期货的一种。

期货英文名为“Futures”，意思是“未来”。顾名思义，它是一种关于未来的交易，是相对于现货而言的。在传统交易中，我们一手交钱，一手交货，这叫作现货交易。而期货则是现在签订交易合约，但是约定好在将来进行交易。

有意思的是，期货既不是经济学家发明的，也不是金融大鳄首创的，而是由 19 世纪中期的美国粮食商人发明的。

19 世纪 40 年代，美国开始进行大规模的中西部开发，大量生产粮食，然后经由美国中部城市芝加哥运往东部，芝加哥由于地理位置优势，成了连接东西部的重要枢纽和粮食集散地。

因为粮食的生产有季节性，受到天气影响，收获也有不确定性，所以每到丰收的季节，市场上流通的粮食便大大超过了芝加哥当地的需求，市场上粮食供大于求，导致价格一跌再跌。但是，如果遇到收成不那么好的时候，粮食又开始短缺，供不应求，价格飞涨。于是，粮食商人们决定行动起来，计划在丰收季节从农场主手中低价大批收购粮食，修建仓库囤积起来，等到粮食短缺的时候再高价卖出赚取差价。

因此，他们决定在下一季的收成前，先用现在的价格，和农场主商量好，把未来即将收获的这批米买下来。米商和农场主事先确定好价格、预订好数量，并签下了一张“买下未来粮食”的契约，而这就是期货的前身。

有了这个合同，无论来年粮食价格暴涨还是暴跌，他们的交割依然按照合同约定的价格进行。但是交易双方都承担了很大的风险，因为没人能预测第二年的收成。如果来年大丰收，市场上粮食供大于求，价格下跌到低于合约价格，粮食商人就亏了，农场主就赚了；反之，如果来年粮食短缺，赚的就是粮食商人，他们可以按照合约上的价格买入，然后高价卖出。

这种合约是关于未来的远期合约，如果一方签订合约后损失非常大的话，他可能宁愿赔付违约金，也不愿意进行交易。这也就导致了这种远期合约的流动性非常差，并且违约风险比较高，于是标准化合约诞生了。

1865 年芝加哥谷物交易所推出的一种“期货合约”的标准化协议取代了原来的远期合约。这种标准化合约，就是期货合约。

买卖双方都只能在正规的交易所内进行交易，并且为了规避违约风险，还制定了一个保证金制度。

理解起来也很简单，就是你先交一些保证金，确保你有足够的资金来履行合约，一般是合约价格的 5%~10%。

比如粮食商人和农场主合约的价格是 100 万元，但在期货市场中，一方只需要交 5 万元的保证金，就可以购买一份 100 万元的期货合约。也就是说，你只用 5 万元钱，就做了 100 万元的生意，这就是杠杆。

在炒股中，如果你亏了，最坏的结果就是亏完本金离场。比如你买了 1 万元的股票，最差的情况，你这 1 万元没了，生活还可以继续。

但是在期货里，完全是另一套玩法，这种制度称为当日无负债结算制度，意思就是当天交易的你必须把当天的负债给结清了，不拖不欠。

以刚才的例子来说，假设你缴纳了 5 万元的保证金，按照 100 万元的价格购买了一批粮食。到了交易日当天，粮食需求量激增，价格大涨，你手里持有的这批粮食的市场价从 100 万元涨到了 150 万元，这个时候你转手一卖就净赚 50 万元。

但是，如果不幸粮食大丰收，你这批粮食在市场上的价格从 100 万元下跌到 50 万元，这个时候你的亏损也是 50 万元，而你的保证金账户只有 5 万元，你还需要补交 45 万元。如果你不交，交易所会直接给你强制平仓，而你的账户余额就是负的 45 万元。

所以你说，期货风险大不大？杠杆可以放大收益，同样也可以放大风险。有时候只跌了几个点，你的本金就瞬间全没了，还欠了一屁股债。

有很多期货交易高手，也正是利用衍生品市场的高杠杆和做空机制，在金融市场赚了很多钱，成就了财富传奇，例如从 600 万元做到 20 亿元的期货大咖林广茂，他在 2010 年的棉花大牛市中，投入了 600 万元做多棉花期货，资金翻了 220 倍至 13 亿元。到了 2011 年，反手做空棉花期货，费时九个半月，赚了 7 亿元，一战成名。

衍生品收益虽然高，但是风险也远大于股票和基金，哪怕是曾经辉煌的高手，也可能一下子巨亏，例如号称“中国索罗斯”的葛卫东，在 2015 年的股灾中，因为做错了方向，一天之内损失超过 90 亿元，整个市场为之震动。所以对于衍生品交易，非专业人士不可为，对于刚接触理财投资的新手来说，了解即可，切勿盲目操作。

4. 股票与你的生活息息相关

前面讲完了几种常见的金融产品，可能大家都觉得期货、股票什么的，风险好高啊，还是赶紧避而远之吧。

实际上呢，股票与我们的生活息息相关，比如我们平时用的苹果电脑、小米手机、格力空调、美的电饭煲、海天酱油，女生爱买的 LV 包包，男生喜欢的特斯拉、比亚迪汽车……这些产品的背后，都是上市公司。你在进行这些消费的同时，其实也为他们的股票贡献出了自己的一份力量。

我们之所以会觉得股票风险很大，是因为股票的发明，就是把收益和风险关联了起来。

股票最早诞生在 17 世纪的荷兰。当时，荷兰是世界上最有钱的国家，荷兰人的特长就是开着船到世界各地去做生意。那时候出海做生意虽然可能赚大钱，但是风险也很大，因为条件较差、天气恶劣，水手们很容易死在海上或者异国他乡。

这些出海做生意的公司，需要大量的钱用来造船，还要花钱招募船员；同时，又有很多人眼红出海赚钱的机会，但是又不想冒那么大的风险。那怎么匹配双方的需求呢？聪明的荷兰人就发明了股票。

当时的股票是一张纸质的凭证，代表着公司的部分所有权。如果公司出海赚到钱了，就分红给投资人。如果船毁人亡了，投资人的钱也就跟着一起打水漂。这就是股票最早的起源。

股票市场发展到现在，当然是比几百年前要成熟多了，但是它的本质仍然没有变。购买一家公司的股票，就是在分享这家公司盈利带来的收益，同时也共同承担着这家公司经营的风险。简单来说，正是因为经营一家企业的风险太大，人类才想办法发明了股票。所以股票的风险，怎么能不大呢?

说到这里，大家可以猜一下，中国的股民里面，长期能赚钱的人有多大比例?别看有很多人天天在讲股票，实际上，长期能从股市里赚到钱的人还不到 10%！股民有句俗话，叫作“七亏二平一赚”，也就是 70% 的人，在股票上都是亏钱的；20% 的人能勉强保住本金；只有 10% 的人，能赚到一些钱。

风险永远是和收益成正比的，股票的风险特别大，反过来也可以推论，股票的收益也比较高。只不过这个收益，大多都被专业的基金经理或者投资人给赚走了。至于刚开始炒股的新人，他们有一个特定的称呼，叫作“韭菜”。因为几乎所有的新人，都会犯很多错误。新手常犯的第一个错误，就是喜欢追涨杀跌：看到股票在涨了，就去追；看到股价跌了，又抢着卖。

然而，真实的股市是，当你作为一个新手都知道一只股票价格要涨时，可以预料到，这个股票已经涨到头了。你这个时候进去，基本就是在“接盘”。

而当一只股票已经很惨时，可能已经跌到底，所谓物极必反、触底反弹，你这个时候卖掉，可能是很不划算的。

归根结底就是一句话，股票的短期价格，没人可以预测。跟着股价涨跌来买股票，本质上不是投资，而是一种投机行为，和赌场里面赌大小没太大区别。而事实就是，中国股市里，有些人是在投机。

要知道，时间能够衡量价值，股票的价格最终会回归到这个公司的价值，因此投资者应该寻找性价比高的、有价值的公司，而不是天天盯着股价的短线波动。一个优秀的上市公司，即便股价短期小幅波动，长期来说也是向上走的，因为价值增长决定价格长期向上。

新手最常犯的另一个错误就是喜欢“一把梭”。很多人花时间认真研究了一只股票，但等他研究得差不多了，就把所有钱都押到少数几只股票上去。这么做的人，表面上是对自己的判断很自信，背后更多还是懒惰和贪婪，以为这样既轻松，又能赚到最多的钱。你满仓杀入，赚的时候是很爽，可万一跌了呢?

所以新人投资股票，还需要知道一个词，叫作“仓位管理”。

所谓的仓位，就是你有多少可以用来投资的钱。如果把你的钱全部都投进去了，叫作“满仓”，仓位100%。如果一分钱不投，全都放着等待机会，这叫作“空仓”，仓位为0。如果投入一半进入股市，剩下一半握在手里，叫作“半仓”，仓位为50%。

仓位管理的目的就是要降低投资的风险，争取更大的收益。刚开始投资的时候，可以先用小资金或者“小仓位”来试水。先投资一点钱来找找感觉。虽然赚的钱不会很多，但是亏钱也不会亏很多。

接下来，你还可以分批次买入，不要一次把“子弹”全都打光。比如你非常看好一家公司的股票，买入之后发现它的价格又跌了不少，那你就还有资金可以进去捡便宜。但假如你一开始就把所有的钱都投了进去，那么当市场下跌的时候，你就没有资本继续加仓来平摊投资的成本了。

这些仓位管理的方式，说起来容易，做起来难，需要不断地学习和锻炼才能掌握。

投资股票，一般来说有两种最具代表性的方法。第一种就是所谓的“技术分析”，一般都是做短线操作。

这种方法，其实就是关注一些股票市场的技术指标，比如K线、成交量等，通过这些指标的变动，来寻找短期内赚钱的机会。这种投资方式，如果玩得好，是有机会在波动的市场中赚到钱的。

但缺点就是需要天天盯着股市，毕竟股价每分每秒都在变化，而且风险也比较大。

第二种投资策略叫“价值投资”，一般都是三五年以上的长线投资。比如巴菲特就是典型的价值投资代表者。

价值投资总结起来就是八个字：好股、好价、长期持有。

价值投资者认为，影响股票短期价格的因素非常复杂，所以我们无法预测短期的涨跌。但是企业的真实价值，是一个比较确定的东西。投资者如果具备一定的商业分析能力，能够看懂财务数据，就可以挖掘到那些优秀的但是股价被低估的企业，并且在低价时买入，这样持有很长时间之后，就肯定能赚钱。

总之，无论是长线还是短线，股票这种投资品，都有不小的门槛。不同性格、不同教育背景的人，适合的投资方法也完全不同。想投资股票，要做的功课不能少。

5. 赚钱的公司，就在身边

平时我们都会花钱买产品，当消费者；但其实，同样是花钱，我们完全有机会让自己的钱花得更有价值，比如花钱买股票，做股东。喜欢的品牌、产品，咱们不仅要会消费，还要会投资。

挑选股票不是一件容易的事，对于初学者来说，可以先从自己比别人更擅长且感兴趣的领域去了解，然后深入挖掘。这也是我自己在买股票的时候所奉行的第一原则，就是一定要选择自己能看懂的公司。

什么叫能看懂？

简单说，就是你知道这家公司是干什么的，是怎么赚钱的。当你对它未来的发展有个大致的了解后，再去判断这家公司是否值得买入。

选择了喜欢并认可的公司，做完一定的研究并自己做出了决定，即使最后投资失败了，你也能够以此为学习机会，进一步分析失败的原因以及自己在选择和做决定时忽视的因素，从而在下一次做投资决策的时候进行改进。

但是，如果是自己不怎么感兴趣或者不太了解的领域，最好不要盲目投资。我们常听到有人说："我不太懂，听别人推荐了所以就买了。"这种投资方式是最要不得的一种。万一最后希望落空，你只能够把错误归结到别人身上，而无法从中总结出自己的原因。这种学不到任何东西的投资，不过是一种带有侥幸心理的赌博投机行为罢了。

我自己买股票，科技类、消费类的公司买得多，前者是因为我自己曾在这个领域创业、工作，后者是因为我自己就是消费者，相比其他行业，这两个行业的公司我会相对更容易看得懂。尤其在我自己做了自媒体之后，对这两个领域的公司就更熟悉了，它们的生态链、盈利模式，我都很清楚。可如果你问我，医药领域有什么好公司？我是真不懂，也很少买。

但是，我有个好朋友就特别了解医药行业，因为她大学学的专业是生物化学，毕业后也一直在医药公司工作，对这个领域优秀的公司就很清楚，并且也通过购买某几家公司的股票，赚到了很多钱。

再比如，你是一个特别喜欢美妆的女生，美妆品牌了解得比别人多，也更清楚各种新产品的信息。如果你某天用到了一个自己觉得特别好用的产品，那么完全可以调查了解一下这个产品背后的公司，前景如何，有什么样的独特优势，市场占有率怎么样。如果它恰好是一家上市公司，你是不是也可以顺便考虑投资一下这家公司的股票？

你要想，投资花的是你自己的血汗钱，买了股票，你可就当上股东了！虽然只是一个很不起眼的小股东，但这个公司的发展，也会跟你息息相关了。

像股神巴菲特，他每投资一家公司，都会调研很长时间，研读财报、了解公司盈利状况，最后再做决定。然而，一份上市公司的年报大都是好几百页，作为投资新手，我们肯定做不到股神那么专业，怎么办呢？有一个靠谱的方法，就是从我们熟悉的产品入手去选择股票投资。

有一个很经典的真实案例，就是彼得·林奇和他老婆的丝袜的故事。

著名的投资家彼得·林奇曾经投资了一家丝袜公司，原因是他老婆经常逛超市，发现这个丝袜品牌特别畅销，他老婆和身边的闺蜜们都会买来穿，觉得物美价廉、性价比非常高。彼得·林奇因此发现了商机，决定投资这家公司的股票。后来这只股票果然大涨，彼得·林奇也从中大赚了一笔。

当然，他肯定不是只靠老婆两句话就决定投资，比如他要求手下每个研究员都去买一堆丝袜来试穿，穿完了每人要写一份详尽的研究报告，更不用说调研公司财务情况了。

虽然我们不会读报告，做调研，但我们能从这个案例里总结出来，股票投资，其实就是要懂生活，懂常识，会研究。

生活中也有这样的案例。

我有个很会投资的朋友，也算是我理财路上的一个启蒙导师吧。他是星巴克的狂热粉丝，很早之前就买了星巴克的股票，通过股票赚了很多钱。同样是去星巴克买咖啡，我就真的只是买咖啡，而他除了买咖啡，还顺带视察了一下投资的企业。

又比如前段时间，一家诞生仅 4 年的国内美妆创业公司成功在美国上市，大部分女生都在跟风买口红的时候，我买的是这家公司的股票。作为股东，当我以新身份去买口红时，那种心情也是有所不同的。

我们的日常生活、衣食住行中，无时无刻不在接触一些优秀公司的产品服务，他们中的很多公司其实都是非常优秀的、值得投资的上市企业。国内的 A 股，以金融类机构和白酒企业为主力，例如大家都离不开的四大银行，家喻户晓的茅台、五粮液，还有我们熟悉的美的、格力……港股，以新兴科技和互联网企业为主力，例如我们天天离不开的微信、美团，让很多年轻人“一入盲盒深似海”的泡泡玛特，从老人到小孩人人都刷不停的抖音、快手……美股，也有不少我们熟悉的企业，例如很多人开玩笑为之卖肾的苹果，越来越多人开出街的特斯拉，海淘和买书都很方便的亚马逊……还有女生们最爱的奢侈品牌，它们的母公司也都是上市企业。

所以，当消费者，不如先当投资者，然后再用投资这个股票赚到的钱，去消费这个公司的产品，这才是双赢。而这，也是《富爸爸穷爸爸》这本书里提到的富人的消费方式。

穷人的现金流，是从收入到负债再到支出，或者直接从收入到支出。而富人的现金流，是从收入到资产，再到支出。富人如果想提升自己的生活品质，他一定会先增加资产，再用资产赚来的钱去消费，这也意味着一种延迟满足。学会富人看待金钱的方法，先在认知上成为富人，才能在行动上跟上。

消费和投资，本来就不冲突。对于熟悉的、了解的、感兴趣的公司，我们不只是可以消费，也完全可以成为小股东，开启赚钱之路。

6. 买保险也算理财吗

前面讲了各种赚钱的方法，但只要你开始投资，尤其是买了基金和股票之后，你就会发现，风险伴随收益存在，你的投资随时可能出现波动。

不过，金融市场的风险，最多也就是让我们亏一点钱。而我们人生中却有一些风险，对我们来说可能是致命的。

比如在我们这漫长的一生中，总会有发生疾病和意外的风险。一旦出现这些问题，我们可能连收入都没了，就更别说理财了。本来是意气风发的年轻人，有时候生一场大病，就会使得人生和家庭遭遇重创，基本等于过去的工作都白干了。我们每个人，其实无时无刻不暴露在这样的风险之中。

所以人类又发明了一种产品，叫作保险。保险虽然不能让你不生病或者不出意外，但却可以帮你把出问题之后的财务压力转嫁出去。

保险到底保的是什么？

保险和其他金融产品不一样，它不属于债权也不属于股权，而是一种以小博大的金融杠杆，主要是用来对冲你自己可能遭遇的风险。比如说，如果遇到人身意外，那么保险公司可以给你赔偿；再比如说，如果生病，保险公司也可以赔你一笔钱。

所以保险的本质，就是我们平时出一点小钱，如果不幸、意外和疾病真的发生了，那时候再把财务风险转移给保险公司。

要注意的是，保险并不是报销医药费那么简单，而是减轻你的财务压力。

因为一旦生病或发生意外，你损失的绝不仅仅是那一点医药费。你可能会丧失劳动能力，失去收入来源。如果一个家庭突然增加了很多开支，又失去了收入来源，财务压力是巨大的，整个家庭也非常危险。

可能有人会问，我不是已经有医保了吗？我还需要去买商业保险吗？

商业保险之所以会越来越流行，就是因为医保的局限是很明显的。

关于医保和商业保险，有一个很经典的比喻。医保就像是小区保安，商业保险才是自己家的防盗门。小区保安虽然也是一道防线，但只能解决很小的问题。要想安心生活，肯定要在自家装一道防盗门。

如果你曾经看过病，应该有所体会。医保有起赔限制，而且对药品、对医院都有严格要求，比如进口药、自费药不能报销，可以报销的部分，比例也有限制。如果遇到重大疾病，那医保就更加不够用了。而且如果重大疾病一来，你可能得在床上躺个一年半载的，这段时间你可能连收入都没有。

商业保险一方面能够补贴你的医疗费用，另一方面，还可以补贴你生病期间的工作收入损失，让整个家庭不至于一下子陷入贫困状态。

其实这些年，大家生活质量提高了，对医疗保障和财务安全的要求也更高了，年轻人的保险意识越来越强，相信大部分人微信里都能找到几个卖保险的。很多人不是不重视保险，而是不知道如何下手，也害怕被人忽悠。

其实买保险不难，只需要遵循以下三个原则：

第一个原则，就是保险姓保。只需要购买保障型保险，没必要购买投资理财型的保险。

因为我经常听到一些粉丝反馈，说保险销售老是给他们推销理财型的保险，收益如何如何吸引人。其实，真想要获得收益，前面我们已经讲过很多金融产品和投资方法了，哪个不比保险靠谱?

而保险就应该是保险，它本身最重要的功能还是保障，奔着理财去买保险，就有些本末倒置了。所谓的理财型保险，更多是忽悠不会理财的老年人的。

现在监管部门也在扭转这个问题，"保险姓保"这个口号，就是他们提出来的，就是希望保险公司回归自己的本位，把保障型的产品做好，真正服务社会。

第二个买保险的基本原则是，尽量购买单一功能的险种。

很多保险公司喜欢做一些大而全的产品，推销起来比较方便，好卖给那些完全不懂保险的老百姓。但是很多这样的产品，定价高就不说了，在核心风险点上的保障往往也是不到位的。

说到底，保险是一个非常个性化的产品，每个人、每个家庭要保障的对象和重点防范的风险都不一样。只有单一功能的保险产品，才能把你的核心风险点保障到位。

可能有人会问，那到底该买什么保险才能保障到位?

这里就来到了第三个原则，我们需要配置的核心保险无非四种：医疗险、意外险、重疾险和寿险。

医疗险，就是报销医药费的。一般情况下，很多人优先选择的都是健康类别的医疗险。前面说了，医保的报销额度和范围实在太有限了，如果想稍微提高一下医疗水平，就可以去买医疗险。医疗险一般是一年买一次的，价格也就几百元，算是最基础的一款保险。

意外险是指出意外的时候，保险公司一次性赔付。这种保险一般是一年一买，价格也很便宜，也就百把块钱。赔付金额很高，可以有几十万元。这也是性价比最高的一种保险，很多人第一次买保险，一半都是买意外险。

重疾险虽然也是和疾病相关，但是和医疗险不同，保的是大病，普通的小感冒、小手术不算在里面。生大病的时候，保险公司也会一次性赔付一笔钱，可以用来缴医药费，也可以补贴收入的损失。

寿险就是当人身故或者全残的时候，保险公司负责赔偿的一种保险。有这种保险，不管你是意外还是疾病，保险公司一律得赔。一般来说，一个家庭里收入最高的人都会配一个。否则万一这个家庭收入支柱出问题，整个家庭的财务就彻底完了。

所以别看保险那么多，大家只要关心这四类保险就行了。资金有限的时候，意外险和重疾险是一定要配的，然后根据自己收入的提高，再逐渐购买医疗险和寿险就行了。这样买保险，不仅仅保障范围清清楚楚，你整体的购买成本也会小很多。

我自己现在四类保险都配齐了，但并不是一次到位的，因为随着我们和家人年龄的增长，不同阶段的需求也不同，也会有更多更新的选择可以再配置。

另外，保险还有一个功能，就是可以避税，我国从 1999 年开始征收 20% 的利息税，但保险受益人却可以在获得保险金时不纳税。国外很多富豪都通过购买高额保险来规避因大量资金和财产滞留所产生的利息税及遗产税，国内一些富人也已开始通过购买“富人险”来合理规避遗产税。

对于月光族来说，保险也是一种强制储蓄手段，将平时的小钱日积月累，到了老的时候，可以享受到舒适的晚年生活。

有一句俗话叫作“没有保险的理财，都是一场裸奔”。“穷人买彩票，富人买保险”这句耳熟能详的话也一语道出了穷人和富人之间的财商差别。穷人太想改变命运了，总想着“万一”而不想“一万”，热衷于一夜暴富式的赌博，而富人却通过保险保障把极端不确定性的风险规避，然后再去积极投资和开创事业。

7. 赚钱很重要，但先要学会不亏钱

大家都喜欢赚钱，没人喜欢亏钱。因此，我们目之所及，能看到的内容大多是教你怎么赚钱，而鲜少是讨论风险的。大部分的理财产品，都只会告诉你投资回报率是多少，却很少强调风险是多少。我们知道怎么计算投资回报率，却很少看到“风险率”要怎么计算。

实际上，决定一个人投资成果的不光是收益，更多是看他如何管理和控制风险。

无论是投资股票基金，还是外汇房产，投资之前，我们都必须要学会衡量风险，否则一次预期以外的风险，就可能让人深陷谷底，无法翻身。

不过，评估风险的确不是一件容易事儿。它和计算预期收益不太一样，不是几个加减乘除就能算出来的，准确度也没有预期收益那么高。那我们是不是要学习诸如“风险量化模型”之类复杂精细的方法？那倒是大可不必。

相比复杂的金融模型，新手更需要的，是在投资前先培养管控风险的观念，永远要为最坏情况做打算。

因为在投资中，风险并不是最可怕的，更可怕的是面对风险却不自知以及盲目自信，自以为能承受住风险。所以，我们

首先需要知道自己的风险承受能力如何，其次就是要做好最坏的打算。一般来说，投资中可能发生的最差情况就是，本金全赔光了。

在做任何投资之前，先问自己几个问题：用来投资的这笔钱如果全赔光了，我能承受得了吗？会影响我的正常生活或降低我现在的生活质量吗？我的工作会因此受到影响吗？我长期的财务计划会因此被打乱吗？……

这些问题，都是基于最坏的情况做出的假设，如果你觉得这些结果你都能承受，已经做好了心理准备，才能够放心进入投资市场，面对任何可能发生的结果。

很多人虽然知道要为最坏的情况做打算，但有时候面临火热的投资市场，只想着赚钱，一不小心就容易鬼迷心窍，把理性的思考全都抛诸脑后。

俗话说："留得青山在，不怕没柴烧。"这句话特别适合用在投资市场里。"投资一定要用闲钱"，这句话说多少次也不嫌多。

另一个很重要的风险观念，就是要学会止损。

想象你现在正在车站等公交车去上班，你每天都乘坐的这班车，今天晚了 20 分钟还没来，你上班已经快迟到了。附近没有公交车时间表，也没有手机APP可以查公交车目前的位置，你是会继续等下去，还是会拦一辆出租车？

可能有人会觉得，我都多等了 20 分钟了，如果现在放弃，改乘出租车，岂不是多花了时间又多花了打车的钱，多不划算啊？还是继续等下去吧。

结果，又等了 20 分钟，公交车还是没来。

同样的情况，在别的生活场景中也会发生。比如我有个朋友入职了一家公司，工作快满三个月，即将转正，但心里总是隐约觉得自己不是特别适合这份工作，犹豫要不要继续干下去。但又转念一想，都已经坚持了三个月，马上就要转正了，现在放弃岂不是太可惜了！于是她选择继续做这份其实并不适合她的工作，一做就是两年。

我还有个女生朋友，和大学的男朋友谈了 7 年恋爱，步入婚姻的前夕，发现男友出轨了。她非常痛苦，既不能接受男友背叛自己的现实，又舍不得自己曾付出的 7 年时光，这差不多是一个女生全部的青春了。“家人朋友都知道我们快结婚了，这时候分手，怎么交代？一起养的猫归谁？分手之后还能找到合适的男友吗？……”就这样纠结了大半年，在这段早该结束的感情上白白又消耗了大量时间。

这些现象其实都可以用一个词来解释，就是——沉没成本。

什么是沉没成本呢？简单说，沉没成本就是那些已经发生且无法收回的支出，如已经付出的金钱、时间、精力等。比如你等公交车那 20 分钟，做一份不喜欢的工作的三个月，还有因为情感错付而耽误的青春时光，对于一个人来说都是沉没成本。

沉没成本有着巨大的神秘磁场，让身在其中的人难以全身而退。心理学家发现，人们对于损失的痛苦要大于获得的快乐，人类天生就对损失这件事更加敏感。为了避免损失，一定要坚持到底。而坚持到底，就会被坑到底，痛苦到底，结果反而损失了更多。

在投资上，沉没成本也会不知不觉地把我们拖入深渊。

有心理学家就在研究中发现，面对一个长达数年的负回报投资，人们竟然会花更大的精力为破产的公司辩解，尤其当这项投资是来自他们自己的决定的时候。这就是人们自我辩解的心理动机，当自己所做的决定与他们所预期的结果不相符的时候，人们就会开始为自我辩解，并且否认已经发生的负面结果，在错误的决定中越陷越深，寄希望于未来。

简单来说就是，亏得越惨，越不愿意接受事实，越要追加投资。

比如买了某只股票，虽然此时股票已经开始走低，产生了亏损，但你想的是，既然已经坚持这么久了，再坚持坚持也许还会涨回来，结果越亏越多，最后再想收手已经来不及了。

一方面，因为我们不想让自己付出的金钱、时间白白浪费；另一方面，我们也在试图证明自己的选择是正确而明智的，所以经常会陷入盲目的坚持中。

想摆脱沉没成本的影响，我们需要有及时止损的思维。

止损，俗称“割肉”，是指为了避免更大的损失而采用的一种保护行为。

止损的重要性在于，任何投资产品都不可能只涨不跌。和我们的生活一样，起起落落才是人生。就算现在某只股票处于上涨的高点，但哪能一直向上呢？总有一天会跌下来。如果这是一只优秀企业的好股票，那跌几天可能又涨回去了；但如果不幸买到了一个不好的公司的股票，你很难预测它最后会跌到多少，搞不好会像很多“仙股”一样，最后被迫退市，从市场上消失。

就像我们开头提到的等公交车的难题，如果可以拿出手机APP，立刻查到公交车的实时位置和到站时间，那就很容易做出决定是继续等还是放弃。但我们之所以会纠结，就是因为不知道公交车到底什么时候来，还会不会来，这是一个完全未知的结果。因此，最好的办法就是给自己设一个止损线，可以根据上班时间来计算，能够继续等待、继续损失的时间有多少。超过这个时间，就应该及时止损，改用别的交通方式。

换成投资来说也一样。虽然我们都是抱着赚钱的憧憬进入投资市场，但却完全没有想过亏钱后该怎么办，因此几次下跌后就被现实打蒙了。而人在不知所措的时候最容易做出对自己不利的决定。我们都无法预测市场，不知道投资标的是会继续跌还是会反弹。在未知情况下，我们每一次入场投资前，都需要给自己设定一个止损线，也就是我们能接受的赔钱的底线。

美国著名学者丹尼尔·卡尼曼在他的《思考，快与慢》这本书里就提到过这样一个故事：

一个球迷买了两张篮球比赛票，一张给自己，一张送给朋友，并且和朋友计划周末一起开 100 公里的车去看这场球赛。

到了比赛当天，天气却不太好。天气预报说傍晚会有暴风雪造成封路，可能看完比赛，两人就会被困在当地回不来。

这时候，你认为这两人中谁会更愿意放弃，谁又会不顾暴风雪，坚持要去看这场比赛呢？

抛除其他因素不考虑，很明显，花钱买票的那个人会更愿意坚持去看，因为如果不去的话，损失的是他的钱。而另一个人本来就是接受赠予，即使不去也没有损失。

可是，因为花了钱，就一定要用沉没成本来决定该不该去吗？万一车在回来路上抛锚了怎么办？万一封路了，回不来怎么办？

在做重要的决策之前，我们更应该关注这件事带来的回报，而不是关注这件事自己付出了多少。在投资上也一样，不能一直纠结在损失上面，而是要想，止损是为了保护自己的钱不继续亏损。

那止损线应该怎么设定呢？

技术流派计算止损点的方法有很多，但是对于新手来说，我建议就以最简单的亏损10%作为止损线，这也算是我根据自己的经验得出的一个平均值。你也可以根据这个平均值结合自己的承受能力进行调整，例如有的人心态比较好，可以接受20%的亏损，有的人胆子小，5%的亏损已经让他睡不好觉，那就调整止损线到一个自己能接受的范围即可。同样，你也可以结合你本金的金额、你能够投资的时长周期等来考虑，最好根据这个止损比例结合你的实际资金，计算出一个更具体的亏损金额，这样会让你有一个更具象的判断。

假设现在你持仓的一只基金/股票，账面已经亏损了20%，该怎么办呢？

这时候，就应该把沉没成本抛到脑后，设想自己从零开始，从现在只做对自己有利的事。可以用当前的价格当作新的起点，设置止损线，5%也行，20%也行，如果没跌到止损线，就继续持有；如果再下跌这么多，就需要立刻止损，认赔离场。

设置止损线，实际上是在未知的投资市场中，降低一部分不确定性，掌握好自己能掌握的那部分。同时也要保持好的心态，即使你止损之后投资标的又涨了回来，这个时候也不用扼腕叹息，大喊“早知它会涨回来，我就不该止损卖掉！”

与此类似的还有“早知道它会跌下来，我就不买了！”“早知道它会涨这么多，我就多买一点了！”……

这种马后炮式的想法，在投资里真的毫无意义。因为市场的变化本来就不是我们所能预测和掌控的，要真有那么多“早知道”，岂不是人人都是百万富翁了？

在投资中要想赚大钱不容易，但要想少亏钱还是很容易的，通过止损就可以做到。在每一次投资入场前，都必须设置一个符合自己的承受能力的止损线，并且一定要坚决执行。

想赚钱没错，但投资路上要先学会如何少犯错，降低犯错给自己造成的伤害。宁愿走得慢一点，也不要走太快掉进坑里。

第九章

人生最美好的事，莫过于躺着赚钱

1. 基金：最适合普通人的理财工具

资产增值的方式有很多种。在过去的10年间，有人通过买房赚了钱，有的人跟朋友合伙开了公司，有的人炒股翻了倍，有人投资项目实现了财富自由……

但以上这些方式，要么是要求你本身就比较有钱，要么就是你得有出众的能力或者遇到了对的人，总而言之，天时地利人和一个都不能少。说到底，实现资产增值是有门槛的，不是那么轻易就能获得的。

对于我们大部分人来说，基金投资可能是门槛最低也最容易实现的一种方式了。因为它本身投资门槛比较低，占用资金的时间往往比较自由可选，即使不是金融专家，也能很快了解其中的逻辑。

基金的范围其实挺广的，比如我们平时说的养老基金，还有高端的家族信托基金、私募基金等。我们重点要讨论的就是跟自己最相关的，以投资理财为目的设立的基金。

我们先来用一个最简单的例子，理解基金是什么。

假设我明晚要在家里招待一群好朋友吃饭，我需要去菜市场买菜做饭。但是众所周知，我是个非常不擅长买菜做饭的人，甚至连韭菜和葱都分不清，菜市场的菜品选择那么多，我很容易买错东西，还可能被“敲竹杠”。

这时候，我就决定请一个外援——我妈妈。我妈常年混迹菜市场，和各个小贩都很熟，在挑选蔬菜瓜果方面是一把好手。于是我直接把钱给我妈，请她帮我挑选一篮子菜，做到荤素均匀搭配。

在这个例子里，如果我们把菜市场比作是股市，那么菜市场里琳琅满目的蔬菜瓜果就是股市里千千万万只股票，而我妈妈则相当于基金经理，她替我选好的这一篮子优质的菜，就是基金。

现在是不是很容易理解了？所谓基金，就是大家把钱都募集在一起，你一块我一块，然后由专业的投资人来统一管理这些资金。这个专业的管理人，一般叫作基金经理，他对金融市场的了解程度和我妈妈对菜市场的了解程度一样，他们一般都受过良好的专业教育，专门负责研究和投资，经验也很丰富，是金融行业的精英人士。

等一只基金募集完毕之后，基金经理就会拿着大家凑起来的钱，去市场上买卖股票等金融产品来帮我们赚钱。等赚到钱之后，基金公司会收取一小部分的管理费，绝大部分的收益都会返还给我们这些投资人。

那么，我们为什么要把钱集合起来呢？因为一个人的资金是有限的，但是我们要投资的东西可能很贵。有很多股票的交易门槛很高，比如我们都知道的明星公司茅台，最低的交易金额也需要好几十万元，对于理财新手来说是一笔不小的钱。但是买基金有一个好处，就是可以降低买卖的门槛。基金可以募集到比个人多得多的资金，然后把钱分散在多个潜力股上。你只需要花几百块钱，就能买一只茅台股票的基金，通过买这只基金，间接持有一部分茅台的股票，既分享了茅台的收益，又不至于让自己一下子投入太多。

所以，基金实际上是一种间接投资的方式。就像刚才我们提到的，你的钱并不是直接买了商品，而是交给一个专业人士，也就是基金经理，让他帮你决定买些什么。

既然是投资，就一定会有风险。所以基金是不保本的，收益也是浮动的，并且可能会出现亏损。管理费是按比例来收取，因此一般来说，基金赚得越多，基金经理能收到的管理费就越多；但是，即使亏损，管理费也并不会因此而不收。

可能有人会觉得奇怪了，既然他不能保本，还要收管理费，那为什么我们要去买基金，而不是自己直接去投资？

事实上，和大部分新手设想的相反，因为金融市场充满了风险，股市的短期波动是非常大的。上一章就跟大家讲过“七亏二平一赚”的说法，作为新手贸然进入股市，多半都要亏一些钱。

所以，买基金而不是直接买股票，最大的好处就是降低风险。

你自己买股票，一般一次就买一两家公司的股票，多一点的买四五家、七八家，也就差不多了，再多也看不过来。但是一只基金里通常包含了几十种甚至上百种不同的股票，你只需要买一只基金，就间接拥有了这些股票的一部分，也就是买了“一揽子的股票”，相当于把同样的钱分散在了几十甚至几百只不同的股票上。这样一来，即使任何一家公司的股票出现大的波动，也不会对你造成太大的影响。通过买基金，轻轻松松就把鸡蛋放在了不同的篮子里。

基金的另一个好处，就是不用你自己做研究，有非常专业的基金经理帮你打理。

投资这件事情，看上去人人都能做，但专业选手和业余选手的差别还是挺大的。你买了基金，就相当于你把钱交给了接受过良好教育、有从业经历的精英们去打理，比起你自己一通乱折腾，肯定更放心。毕竟基金经理是有一定门槛的，能够吃这碗饭的人，在投资上花的时间多，接触到的信息和拥有的操作经验，比普通人强很多。

事实上，数据统计也表明，国内成立 5 年以上的基金中，从长期来看（3~5 年以上），大概有 95% 的基金都实现了盈利。

其实在美国这样成熟的股票市场里，普通散户已经渐渐淡出股市了，市场占比更多的是机构投资者、专业基金操盘者。因为人们都慢慢明白了，投资这件事情专业门槛很高。中国市场现在好像也正慢慢经历着这个变化，越来越多的人会选择购买基金，而不是自己去炒股。

对于新手来说，基金是一个更省心、风险更低、也更容易获得收益的投资方式。专业的事，交给专业的人去做，事半功倍。

2. 月收入 1000 元到 1000 万元都适用的基金定投

了解了买基金的好处，接下来聊聊买基金的方法。

基金投资的方法也有很多种，其中有一种，不管你月入 1000 元还是 1000 万元都适用，那就是基金定投。

基金定投这个词，可能你多多少少都有听说过，但并不一定知道它的意思。其实，基金定投是定期定额投资基金的简称，是指在固定的时间（如每月 8 日）以固定的金额（如 500 元）投资到指定的基金中，类似于银行的零存整取方式。说白了，就是按照固定周期，每周或每月拿出固定的一部分资金，用来购买基金。

那为什么说基金定投是一种适合所有人的投资方法呢?

说到定投，就不得不说一下在基金定投中非常有名的“微笑曲线”（见图 3）。

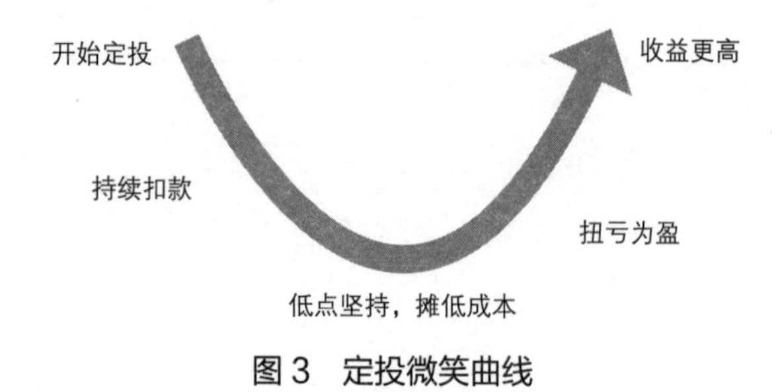

图 3　定投微笑曲线

微笑曲线是指在股市下跌时仍坚持基金“定投”，经历一段下跌行情，静待反转，最终上涨，获利赎回。形成基金定投的微笑曲线要经历四个阶段，开始定投→出现亏损→触底反弹→最终收获。在这样一个经历了四个阶段的完整定投周期内，如果将每一个定投扣款日的基金净值与最后获利离场时的基金净值用曲线连接起来，就会形成一条两端朝上的弧线，弧线的形状就像人的笑脸，这就是基金定投的微笑曲线。

用一句话来总结就是“守得云开见月明”。即使出现亏损，我们也要坚持定投，直到最终获得预期的盈利。

我们都知道，股市和人生一样，没有永远上涨的行情，也不会一直走下坡，总是有涨有跌的。如果你能准确判断某只基金（或股票）即将开始持续上涨，那么别犹豫了，立刻投入你的资金，就能实现利益最大化。但是很可惜，绝大多数人不可能提前预知市场行情。我们基本不可能在市场最低点开始定投，也不会在市场最高点结束，更多的是面对漫长的震荡，以及一无所知的未来。而定投的好处，就是在我们无法预知市场涨跌的前提下，坚持按期投入资金，这样可以在基金价格处于低位时买到更多的份额，拉低持仓成本，从而在上涨时获得更多收益。

举个例子，我以 10 元 / 份的价格买入总价值为 1000 元的某基金，后来该基金单价跌到 5 元 / 份，我又买入了 1000 元，请问我的持仓成本是多少？

答案是 6.67 元 / 份。

计算过程如下：

2000 元（我投入的总金额）/300 份（第一次买了 100 份，第二次买了 200 份）= 6.67 元 / 份。

假设过了几天，该基金单价涨到了 8 元，虽然依然低于我第一次购买时的 10 元，但我依然每份赚了 1.33 元。

而如果我没有选择定投，而是在基金价格为 10 元的时候把 2000 元本金全部一次性投入，那么我的持仓成本就是 10 元。基金价格一旦低于 10 元，我就亏了。

所以，定投的魅力就在于，摊薄成本、平缓风险，它会给我们一个比较好的心态——亏损并不可怕，相反，在后续的定投中能够收集更多的筹码，一旦市场出现快速的上涨（可能迟到，但不会缺席），获益将是丰厚的，这时候，就需要你克制贪念、及时止盈。

明白了定投的原理之后，想通过定投投出一条漂亮的微笑曲线，你不需要很多的专业知识，不需要一直担心行情，只需要足够坚持，足够耐心。

就连巴菲特给普通人的投资建议也只有两条：

（1）长期投资；

（2）如果不知道买什么，就定投指数吧。

总结起来，定投的关键词就一个——坚持。你是否有持续的现金流，在长熊的市场、持续亏损时是否还能继续坚持？如果不能十年如一日地笃定坚持，最后可能免不了亏损离场。

因为需要持续的现金流，所以定投最适合的就是刚开始工作、没有多少积蓄但有稳定工作收入的年轻人。每个月工资到手后就拿出一部分进行定投，一方面可以督促自己养成储蓄的习惯，另一方面分批买入，试错成本也最小。利用微笑曲线平衡定投成本，长期坚持下去大多可以取得不错的收益。

在定投的时间频率上，要尽可能做到分散。你可以选择每周定投，也可以选择每月定投，两者坚持下来的收益率几乎没有区别，因此选择适合自己的即可。希望有操作感、跟随市场行情，可以设置每周定投；如果觉得自己比较懒，也可以设置在每月发薪日的第二天定投。

如果采取每周定投，可以把定投日设置在每周四或周五，因为从长期的历史数据来看，这两天都是大盘跌得比较狠的时候，在这个时候定投买入，可以拥有更低的成本。可以自己设闹钟，到时间手动定投；也可以借助支付宝、券商软件的自动定投功能，绑定自己的银行账户，到期自动划款。

那什么时候开始定投呢？

买入的时间点其实并不重要，因为你会通过定投不断摊薄成本，相比之下，卖出的时间点更重要。

华尔街流传着一句话："要在市场中准确地踩点入场，比在空中接住一把飞刀更难。"而定投最大的好处是分批进场，摊平投资成本，分散可能在高点进场的风险，再在相对高点落袋为安，以达到"低买高卖"的效果，避免掉入短期择时的陷阱之中。

市场是无常的，策略是固定的，每种策略都有它的缺点。基金定投的缺点在于：在市场上涨、高位震荡过程中，虽然盈利大幅提高，但持仓成本也在快速提高。一旦市场转向熊市，整体会迅速亏本。所以基金定投时要设置好合适的盈利点，达到盈利预期就要落袋为安。

尽管我个人也很喜欢定投，但要跟大家说的是，定投并不是万无一失的。这样做的资金利用效率不算高，因为定投时会有一部分钱闲置，没有发挥出用处。但对于新手来说，安全最重要，可以等先学会了定投，再考虑更复杂的资产配置方式。

3. 买指数，机会与风险并存

基金虽好，但市面上可以选择的基金太多了，新手应该从什么类型的基金开始入门？

很多新手容易被基金的历史高收益所忽悠，贸然买入。我有个朋友就有这方面的教训。她看到支付宝里有一堆精选基金，写着最近一年超过 50% 的收益，觉得挺不错，脑袋一热，一口气买了 20 万元的基金。

结果你猜怎么着？没多久股市暴跌，她买的这几只基金也跟着受损，半个月损失超 20%，丢掉 4 万元。那段时间，她每天晚上都失眠，天天问我该怎么办。如果对基金一窍不通，只看历史收益率就买，多半就会是这种后果。

很多基金，尤其是专门投资股票的股票型基金，风险很高，波动很大，虽然有时候赚得多，但冷不防也会一下子亏很多。风险承受能力比较弱的新手，大跌两次可能就被吓跑了，惨淡离场。

前面我们说到，基金由专业的基金经理管理，相当于把你的钱交给接受过良好教育、有从业经历的精英们去打理，但也正是这个原因，基金的管理费都比较贵。对于这种由基金经理发挥主观能动性、主动管理的基金，我们一般把它们叫作“主动型基金”。

主动型的投资，基本上取决于投资决策人的判断。比如我们自己买股票，就全看我们自己的操作；对于主动型基金来说，既然是由基金经理来管理的，那么基金的收益就非常依赖基金经理择时和选股的能力，所以不确定性会很大。能力强的基金经理有可能赚得非常多，能力差的也有可能亏得一塌糊涂。

所以在选择主动管理型基金的时候，我们也会有一个关键人原则。我们在观察主动管理型基金的时候，一定要注意这个基金经理历史业绩如何，专业背景是否靠谱。万一基金经理变了，那你辛辛苦苦选的基金，可能也就跟着变了，新的基金经理不一定比之前的选股能力强。

历史数据表明，很多上一年的基金绩效冠军，在下一年往往会表现平平，因为他们过于激进、重仓太多，而市场又是变化莫测的。这几年全球股市剧烈变化，想准确预测市场越来越难了。

此外，主动管理型基金是比较让人操心的，基金经理也承担着基金管理运作的压力，因此，基金的费率也比较高。买主动型基金不仅会有 1.5% 左右的申购费，还会有每年 1.5% 左右的管理费，而且，不管你的基金是赚钱还是亏钱，你都要交。

一个叫约翰・博格的美国投资人，觉得主动型基金的管理费太贵了，贵到不能忍受，于是他发明了一种全新的基金，叫作“指数型基金”。

什么是指数？

拿我们中国股市来说，中国市场上的股票有 3000 多只，各只股票之间差异非常大。但很多时候，我们想知道市场平均涨了多少，这个时候，就有了指数。比如上证指数，是上海交易所发行的所有股票的加权平均价格。其他各行各业也都有一些指数，挑的都是里面有代表性的股票。指数上涨，说明市场或者这些行业发展不错，这类股票的整体价格也是往上涨的。

打个比方，这有点像学校给优秀的学生分班。按照不同的分班原则，我们可以分出文科重点班、理科重点班、冲刺清北班等。当然，学校每年都会重新进行分班考试，如果退步了就没办法继续留在这个班上，腾出位置让进步的同学补进来。指数也一样，编制指数的公司会对指数里包含的成分股每年进行重新考核，优胜劣汰，质量差的成分股会被排除出去，新的优质股票会被填进到这个指数池里来。

指数基金，就是根据指数池里的众多股票来“照方抓药”。这种指数基金，不一定能赚大钱，但风险是比较可控的。一来市场或者某些行业长期的趋势，是相对比较容易判断出来的，二来指数里面股票数量比较多，可以帮我们分散风险。

和主动型基金相反，指数基金是一种被动型基金。如果说主动型基金是基金经理自己要去拍一部原创电影，那指数型基金就是照着已有的经典老电影翻拍，操作难度会大大降低。

因此，指数基金的管理比较简单。因为基金的收益几乎完全复制指数的涨跌，所以基金经理只要照着指数的成分股买就行了，主要工作就是严格追踪指数。指数基金的收益较少受到人工干预，所以我们可以少交一些管理费。

约翰·博格在 20 世纪 70 年代创造了第一个指数基金，成功“翻拍”了标普 500 指数，也就是美国的股市大盘指数。直到今天，指数基金都是非常流行的一种基金类型。

指数基金看起来很“懒”，可能会让你觉得，收益会不会很低呢？但其实，大部分投资者是跑不赢指数的。长期来看，大多数主动型基金的表现都不如大盘指数。只有极少数优秀的主动型基金，可以在短期比如一年内，获取超越指数的收益。

上市企业一般都是一个国家最优秀的一批企业，而指数相当于从这批企业中优中选优。比如我们采用市值加权法选出沪深两市市值最大、流动性较好的300家公司的沪深300；还有采用股息率加权选出分红比较好的100家公司的中证红利指数等。不管采用什么指标，其核心思想就是通过各类指标选出优秀的上市公司，这些优秀企业的发展也是一个国家经济发展的推动力。因此，这些指数基金和我们国家的经济发展是息息相关的。只要国家经济长足进步，指数就会长期向上。

想一想，为什么那么多的投资大师都是来自美国？像我们熟悉的巴菲特、芒格、格雷厄姆、彼得林奇……

道理很简单，如果连国家经济发展都不好，又何来投资的大丰收呢？巴菲特曾说过，自己能取得如此优异的成绩得益于美国在二战后的发展。一个经济发展良好的国家，自然会诞生优秀的投资者，我相信在不久的将来，我国A股也会诞生许多不亚于美国的优秀投资者。

指数基金，也是最适合定投的一种基金。

巴菲特本人就是指数基金的头号拥趸。1993年，巴菲特在《致投资者的信》中首次提到了他的建议，原话是“通过定期投资指数基金，一个什么都不懂的投资者通常都能打败大部分的专业基金经理”。

巴菲特为了捍卫自己提出的理念，他在2007年公开向对冲基金行业发出战书。他认为投资标普500指数基金的10年绩效可以战胜任何投资专家选择的所谓投资组合。对冲基金经理人泰德·赛德斯接下了这份战书，开始了一场10年赌局。

从2008年到2017年底，俩人都坚定贯彻自己的投资原则。巴菲特投资了10年的标普500指数基金，跟着美国股市大盘走，也就是跟着美国的经济发展走。而赛德斯根据自己对市场的判断，建立了不同的对冲基金组合，坚持进行主动型管理。

最后两人的投资结果出炉：巴菲特在 10 年间，创造了 125.8% 的累计投资回报率，年化回报率是 8.5%；而塞德斯选择的对冲基金组合，10 年仅仅创造了 36.3% 的累计投资回报率，年化回报率只有 3.2%。

巴菲特这 10 年，用完全被动投资的方式，吃得好、睡得好，不用动多少脑子，只跟着大盘走，结果轻轻松松就超过辛苦选择投资标的的专业投资经理，并且超过了不止一倍。

事实胜于雄辩，巴菲特用这场举世闻名的 10 年赌约，捍卫了指数基金的位置，也成了公认的“指数基金代言人”。

另外，选择被动型投资，不仅可以长期获得更高收益，更重要的是，也可以让我们空出更多时间，去做更重要的事，精进自己的主业。

主动型投资要占用我们很多时间，去看盘、去跟踪市场变化……投资主动型的基金，也要求我们投资者主动一点，需要经常关注它的变化。基金经理是否表现稳定？这个基金经理管理的其他基金是否安好？十大重仓股是否有调整？有没有新的投资者进入？……

当然，如果你愿意花更多的时间去研究基金，也不是不可以选择主动型基金。因为从我国基金的长期历史数据来看，优秀的主动型基金收益可能会大幅超过指数型基金的收益。

但我觉得，这样反倒失去了投资理财原本的意义。投资是手段，不是目的，我们学习投资本就是想让自己获得更多被动收入，从而摆脱无意义的日常工作消耗，拥有更多自由时间、过上更自由的生活，而不是把多出来的时间全部用来去研究投资，这样反而是本末倒置了。

所以，如果你想比较省心省时进行投资的话，可以选择被动型的指数基金。收益不会特别高，但也不会低于市场平均水平。换句话说，买指数基金，你一般会获得不低于国家 GDP 增速的收益回报。

对于新手来说，最稳的被动收入，其实就是投资指数基金。而持有股票的最佳方式，就是通过定投，分批购买成本低廉的指数基金。

4. 基金的分类有哪些

假设你晚上约了朋友吃饭，选餐厅的时候你肯定会考虑，吃中餐还是西餐？朋友能不能吃辣？他有什么忌口吗？这些餐厅的特点和价位又如何？

选择基金其实也一样，每种基金的“口味”不同，适合的人群也不一样。接下来我们就一起看看，基金有哪些分类，分别应该怎么选。

基金是一种集合投资的方式，有对外公开募集和私人募集之分。根据募集方式不同，基金可以分为公募基金和私募基金。

所谓公和私，其实指的就是对公和对私。对公即对公众开放，公开发行，所有人都可以投资，一般买入门槛很低，甚至一块钱就可以投了。“对公”也就是面向广大群众，所以它要满足绝大多数人的口味，要满足大部分群体的投资能力。公募基金就像家常菜，特点就是更面向大众，大多数人能接受。

对私，即对私人发行，不是所有人都可以买的。一般购买门槛都比较高，通常 100 万元起。私募就像私人会所里的私房菜，不是随随便便就能买的。但它的特点是更个性化，可以满足少数群体的预期。

我们平时接触到的基金绝大部分是公募基金，所以接下来的分类大多围绕公募基金展开。

我们已经知道了基金就是找专业人士帮我们投资，那买基金之前，我们肯定得思考一下，这笔钱到底用来投资了什么呢？

根据投资标的的不同，基金可以分为以下几种：

（1）货币型基金

货币基金这个名字听起来很高端，其实很多人早就在买了。我们最常见的余额宝、微信钱包，市面上看到的“宝”类产品，绝大部分都是货币基金。

货币基金的投资对象往往是期限小于1年的金融产品，包括商业存款、大额可转让定期存单、银行承兑汇票等，甚至有的会包括一些短期国债、政府公债之类的。

看看刚才这段话里提到的关键词——银行、政府、短期、现金，是不是听上去就感觉很靠谱？

没错，货币基金最大的特点就是流动性强、安全性高。这就好比划船出海，离海岸越远，遭遇风浪翻船的可能性越大，不确定性也就越多。反之，则更安全。货币基金收益一般都不高，打开余额宝看一下就知道，年化收益普遍都在2%~4%左右，收益不算高，但胜在安稳。

也正是因为这些特点，货币基金有“准储蓄”的称号，随取随用，感觉和持有货币一样方便，所以被称为货币基金。

（2）债券型基金

余额宝这类货币基金，虽然确实挺稳健的，但对有的人来说，收益率也太低了点。那有没有什么相对稳健，收益率也更可观一点的基金呢？

当然有，就是债券型基金。

债券基金顾名思义，就是大部分资金都用于投资在债券上的基金。我们在前面解释过债权和股权的关系，也就不难理解，相对于股票来说，债券是相对比较安全的一种金融产品。当然，由于债券也存在着价格波动，因此，债券并不能说是旱涝保收。

简单理解，债券基金就是基金经理把大家的钱聚集起来，投资给国家和企业的特定项目，底层依然是债权关系，相对比较稳健。

相较于投资单只债券，债券基金会尽量选择多家优质企业的债券，并且分散购买，降低风险。

另外，债券基金按照投资目标，也可以分为三类：

纯债基金：只投资债券市场的基金，不参与打新股，也不投资股票，这类债基比较好辨认，一般名称都带有“纯债”二字。

一级债基：主要投资债券，还可以参与打新股。打新股就是用资金参与新股申购，若中签的话，就买到了即将上市的股票。待新股在二级市场价格上升后卖掉，就能套利，收益较高。

二级债基：主要投资债券外，还会投资一小部分股票，所以风险会高于纯债基和一级债基，但预期收益也会更高些。我们会看到一些基金的名字里面带有“债券增强”“添利债券”“优化收益债券”等，一般就是这样的形式。

总结一下，债券基金总体来说收益较稳定，风险介于货币基金和股票基金之间，收益通常高于货币基金，但低于下面马上要讲到的股票型基金。

（3）股票型基金

接下来进入最常见，风险也相对较高的一类基金，叫作股票型基金。

听名字就知道，股票型基金是主要投资于股票的基金。

对于普通投资者，选择股票型基金最大的好处就是起投门槛低，一般 100 元就可以通过基金买入多只股票；另外还有专业的基金经理帮我们打理，更省事更高效。

股票的波动比较大，所以股票型基金也会跟着股市起起落落，有时亏钱，有时赚钱。对于一些新手投资者来说，每日涨涨跌跌可能会让你心跳加速。但有一个专业的基金经理帮忙打理资金，总比自己瞎折腾要好。

我们前面说到的指数基金，可以是股票基金也可以是债券基金，只是我们大部分时候投资的都是股票指数基金，选择了代表股市某项指标的指数，所以，一般说指数型基金也就特指股票指数基金了。

总的来说，股票型基金，因为投资标的是股市，因此收益和风险在各类基金中都相对较高。

（4）混合型基金

除了以上三种基金，可能会有人问，有没有一个相对中和，收益既不会太低、风险也不会太高，既投资于债券也投资于股票，每样都包含一点的基金呢?

还真有。你在找的，应该就是混合型基金。

混合型基金可以投资于股票、债券或者货币市场，没有比例的限制，它可以自行调整投资于股票和债券的比例，很方便地在债市和股市来回切换。股市好的时候，多投点股票，赚得多；股市不好的时候，多投点债券，亏得少。

混合型基金就像两栖动物一样既可以在水里游，也可以在陆地上跑，兼具激进和保守的投资策略。当市场环境不是很好的时候，它钻到水里规避风险。当市场环境比较好的时候，它跑到陆地上博取超额收益。因此，混合型基金的投资回报和投资风险一般低于股票基金，高于债券和货币基金。

总的来说，混合型基金相对于股票型基金、债券型基金会更加灵活，可以随着市场变化及时调整投资方向。在股票市场长期处于震荡的情况下，就可以重点关注混合型基金。

以上四种基金类型就是从投资标的的角度对基金进行的分类，除此之外，基金还有其他几种常见的分类方式。

其实这也非常好理解。就好比一道菜，可以按照不同的分类方式被分成好多类。按食材，可以分成荤菜和素菜；按口味，可以分成辣的和甜的；按菜系，可以分成川菜和粤菜等。

同样地，一只基金除了按投资标的分为货币型、债券型、股票型和混合型，还可以按投资理念分为“主动型基金”和“被动型基金”，或者按交易渠道分为“场外基金”和“场内基金”，也可以按运作方式分为“封闭式基金”和“开放式基金”。一只基金可以既是股票型的，又是被动型的，还是场内基金。

接下来我们就分别看看这几大常见分类。

（1）根据投资理念的不同，基金可以分为“主动型基金”和“被动型基金”

主动型基金也叫主动管理型基金，是指募集后由基金经理操盘，把资金投资于他所偏爱的股票、债券等，以期获得超越市场基准收益的基金，这类基金的实际业绩很大程度上取决于基金经理的主动管理行为，所以称为主动型基金。

相对地，被动型基金并不主动去寻求超越市场的表现，一般选取特定的指数作为跟踪目标，所以也称指数基金。

（2）按照交易渠道，可以把基金分为场外基金和场内基金

这里的“场”指的是证券交易所，在我们国家，具体指的是上海证券交易所和深圳证券交易所。

场内基金就是指在证券交易所交易的基金，场外基金指的是不在证券交易所交易的基金。

场内基金和场外基金最大的不同就是，场内基金是像股票一样直接按照价格来买卖的基金。而场外基金是按照净值申购和赎回的基金。

你可能会疑惑，“买卖”和“申购赎回”有什么不同？价格和净值难道不是一回事？

还真不是。

价格是在交易的时候实时波动的。你现在买的价格，与下一秒买到的价格可能就是不同的，这个动作我们称之为“买卖”。

而净值是一整天交易结束收盘结算后的那个数字，我们称之为“净值”。所以对于场外基金来说，无论你的交易时间是上午还是下午，都一样，因为都是按照当日收盘结算后的净值成交。

再通俗一点说，可以直接在支付宝这样的第三方基金平台上买卖的，就是场外基金。这类基金一般情况下一天显示一次价格（净值），你在当天15点前购买，就以当天的结算净值成交；你在当天15点后购买，就以第二个交易日的结算净值成交。

场内基金则不同，它是直接在股票交易软件上买卖的基金。要想买卖场内基金，你首先需要一个股票账户，买卖它和买卖股票一样，你只需要输入代码，挂个价格等待成交就可以了。场内基金最常见的就是ETF（Exchange Traded Fund），也就是

交易所交易基金，它和指数基金的概念差不多，但不同的是交易方式，它是按照盘中波动价格直接来买卖的。

因为场内基金的价格每一秒钟都不一样，所以它的流动性、灵活性都更好。但是，对于工作繁忙、平时没有太多时间操作看盘的上班族来说，场外基金或许是更好的选择。正是因为场内基金的价格是实时变动的，可能就需要你花费大量的精力去盯盘。而场外基金一天只有一个价格，很多都可以自动定投。

另外，场内基金的交易门槛更高。和股票一样，一次最少买 100 股，相当于最低也要几百块钱。而场外基金，最低 10 块钱就可以购买。除此之外，场外基金可选择的数量也要比场内多。

（3）按照运作方式，基金可以分为封闭式基金和开放式基金

封闭式基金是指基金规模在发行前就已固定，等募集完资金，即发行结束后，基金对外封闭，基金份额在规定的期限内固定不变。封闭式基金在封闭期间不能赎回，但挂牌上市的基金可以通过证券交易所进行转让交易。

通俗地讲，购买封闭式基金之后，在约定的期限内是不能赎回的，只能够转让给其他人。但在封闭期内，这样的交易往往是折价交易，这么做通常会直接导致亏损。

而开放式基金，是一种基金规模不固定，可以随时根据投资者需求发行新份额，也可以随时被投资者赎回的基金。开放式基金不在交易所交易，一般是由商业银行、证券营业部等第三方机构代销。

在公募基金中，封闭式基金占比很小，我们平时接触到的大部分是开放式基金。

最后再总结一下，基金的分类很多，最常见的就是按照基金的投资标的，分为货币型基金、债券型基金、股票型基金和混合型基金。此外，还可以按投资理念分为主动型基金和被动型基金，按交易渠道分为场外基金和场内基金，也可以按运作方式分为封闭式基金和开放式基金。了解这些分类，就可以根据自己的喜好，选出更适合自己的基金。

5. 如何挑选基金

讲完了基金的基础概念，接下来就来到了最重要的环节——如何挑选基金。

面对市场上几千只基金，大家往往挑花了眼，这也想买那也想买。其实选基金就是在做减法，可以像挑一家好的餐厅一样，选出一只靠谱的好基金。

第一，选餐厅，优先选择有名气有口碑的肯定不容易出错。对于基金来说，我们也一样要看基金公司的品牌和口碑。

当你到了一个陌生城市，随便选个路边餐馆吃饭，很容易踩到雷。但如果选择那些在每个城市都有的连锁餐厅，例如海底捞、全聚德之类的，熟悉的味道、熟悉的品控，不会差到哪里去。

大的基金公司也一样，我们首选成立时间长、老牌的基金公司。这些公司一般具有雄厚的资产规模、相对健全的产品线、较多明星基金经理和较为完善的投研平台，还有更好的数据和更大的用户群体与信用背书，有足够的实力从事一些研究活动，保持管理资产的稳步增值。

当然，也并不是说小基金公司的基金一定就不好。换个角度，假如你是一个小基金公司的老板，你怎么做到在这么多基金公司中脱颖而出呢？你是不是需要凸显自己的个性，使自己的管理能力跟别家不同，这样才能让大家更青睐你呢？

因此，大部分小基金公司往往会把自己的投资研究侧重点放在主动管理型基金上，以做出在市场中脱颖而出的产品。被动管理型基金这样随大流的产品，往往不是他们主攻的方向。对于新手来说，优选大基金公司的基金，至少不容易踩雷。

第二，选餐厅的时候，要看掌勺主厨的水平，这就对应了选基金的时候，基金经理得靠谱。

对于一家餐厅，主厨是否受过专业培训、在业界口碑如何，都会影响我们对这个餐厅的判断。同样，基金经理的决策也会直接影响一只基金的收益情况，尤其是主动型基金，非常依赖基金管理人的能力，可以说选基就是选人。考察一名基金经理是不是靠谱，具体有三个维度。

首先，基金经理的专业背景要强，投资的经验要丰富，从业年限越长越好，至少他的投资经历能够覆盖一个牛熊周期。对于一个仅仅经历过牛市的基金经理，我们很难通过过往业绩对他做出客观评价。因为很多基金在牛市里短期可以上涨 2~3 倍，但在之后的熊市里能下跌 70%~80%。所以只有经历过完整一轮牛熊市的基金经理，我们才能客观评价他的投资能力。

其次，基金经理的投资能力要强，任期内的业绩要超越比较基准。并且在一轮牛熊市期间，基金的年化收益率最好不低于 15%。尤其是主动型基金，它比指数基金波动大，我们承担了更大的风险，自然得要求更高的收益。

最后，还得看基金经理的投资风格，是比较激进还是稳健保守，擅长把握的市场是牛市还是震荡市。

第三，看一家餐厅不能只看好评不看差评，选一只基金不能只看收益，还要看它的抗跌能力。

我们选餐厅的时候，多半都习惯看一下点评上的评分和排名。除了看好评，也会挑出差评看一看，知道踩雷可能会踩在什么地方，能接受再选。

但是选基金的时候，大多数人都喜欢盯着收益不放，而忽略了更重要的一方面，就是考察这只基金抗跌能力强不强。一只基金跌得越多，想要涨回来越难。

举个例子，假设一只基金从 2 元跌到 1 元，下跌了 50%；但如果要从 1 元再涨到 2 元。需要上涨多少呢?

答案是 100%。

所以，一只基金不仅要赚得多，还要亏得少，这样才能在长期有持续增长能力。

我们一般可以通过“最大回撤”这个指标来衡量一只基金的抗跌能力。最大回撤通俗地讲，就是在一定时间内，比如一年内，基金净值从前期的最高点，跌到最低点的下跌幅度。最大回撤小，代表基金亏损后只需较小的涨幅就可收复失地；最大回撤大，表示基金一朝亏损深似海，再涨回来可就难了。

第四，选餐厅时可能很多人都习惯先看看店里的客人，都是什么样的人在餐厅吃饭。基金也一样，需要看看持有人结构如何?

俗话说，和什么样的人在一起很重要，对于投资来说也是如此。作为散户，我们有必要关注一下谁和我们一起在投资这只基金，我们在与谁为伍。

在一个基金的介绍档案里，我们可以看到它是机构持有比较多，还是和你我一样的散户持有比较多，这里的机构持有占比大很重要，因为机构资金作为“聪明的钱”，在做出投资决策时往往比个人更加理性和专业。机构资金的追捧是对基金经理能力的有力证明，持有这样的基金，晚上能睡得踏实一些。

最后，我们来客观聊一下基金评级这件事。

可能你对基金评级并不陌生，在浏览基金时，经常会看到几只“小星星”在我们眼前晃过，这些“小星星”就是基金评级机构对基金的评级。就有点像我们吃饭之前，去大众点评上看一看当地美食排行榜和餐厅的星级评分。

那么基金评级靠谱吗？

首先，毋庸置疑，相较于个人投资者，基金评级机构要更加专业和客观。基金评级机构在做基金评级时会收集关于这只基金的各类信息，依据一定的标准，从基金的预期收益和风险两方面对基金进行排序。排序方法包括了基金收益、风险大小、风险调整后的收益等。其中对基金风险和基金收益的预期主要是基于基金的历史数据。

此外，基金评级并不是谁都可以参与的，证监会对评级机构和评价人员做出了明确的规定。评级机构在进行基金评级的时候必须遵循长期性、客观性、公正性、一致性、全面性、公开性原则。

根据中国证券投资基金业协会的规定，目前可以从事基金评级业务的机构共有 7 家。

三家基金研究机构：晨星资讯、天相投顾、济安金信。

四家券商基金研究部门：银河证券、招商证券、上海证券、海通证券。

此外，三大官媒（中国证券报、上海证券报、证券时报）可以从事基金评奖业务，分别对应金牛奖、金基金奖和明星基金奖。

这些评级机构各具特色，其中晨星评级标准最为成熟，也最具权威性，相比较而言，其他评级机构都多多少少存在一些不足，特别是一些独立第三方机构在研究资源和数据来源方面不占优势。

以晨星为例，晨星评级的基金主要是成立三年以上的老基金，货币基金是除外的。晨星评级的更新频率是一个月更新一次，在晨星的网站上会公布基金三年评级、五年评级，有些老牌基金还有十年评级。

在具体评级思路上，首先第一步它会把基金做一个分类，对同类基金进行比较；第二步衡量基金的收益；第三步计算基金的风险，并衡量风险调整后的收益；第四步是对不同类别的基金进行评级。

晨星评级一般把基金评为一星到五星，五星是最好的。其中表现最佳的前 10% 会被评为五星，接下来的 22.5% 会被评为四星基金，中间的 35% 是三星，随后的 22.5% 是两星，最后的 10% 被评为一星。

看过基金评级的过程就知道了，基金评级其实就是综合风险和收益两个维度的排名。所以“基金评级靠不靠谱”的问题，本质上是这样一个疑问：这种建立在过往业绩的基金评级靠谱吗？

不可否认，基金评级是存在一些不足的。

首先，基金评级的范围窄，一般我们看到的评级对象是成立三年以上的基金。这就导致了一些具备投资价值的年轻基金被忽略。

其次，基金评级更新周期长，速度较快的晨星网也要一个月才能更新一次，但市场风格变化却是极快的；而且管理基金的基金经理更换之后，相关评级数据并不会及时更新，评级结果可能只反映了前任基金经理管理该基金的业绩，这就大大降低了评级的参考价值。

最后，即使五星级基金并不一定能保证赚钱，如果同类基金均亏损，该类基金中的五星级基金也有可能亏损。

虽然基金评级存在一定的缺陷，但它仍然有很大的借鉴意义。我们在选择基金的时候，还可以参考一下基金的历史评级的变化。总的来说，长期获得高评价的基金往往成本相对较低、基金经理和研究团队资源充分、市场影响力较高……有这些优势的基金，还是比较靠谱的。

总之，我们可以在筛选基金时参考基金评级的结果，但也不能忽略它的缺陷。就好像米其林餐厅的星级一样，评星高的餐厅自然有它好的道理，但也不见得不会“踩雷”。

与基金评级类似的概念就是基金排名。基金排名很容易理解，就是将同类基金一段时间内的过往收益由高到低进行排列，从而生成排行榜。相较于基金评级，基金排名参考的维度更加单一，仅仅是基金过往收益，它同样存在基金评级的那些缺陷。

我们平时在各大平台买基金时，在首页都会看到平台置顶推荐的基金。这些基金一般是根据排名筛选出来的。但越是平台推荐的基金，就越应该谨慎买。

因为平台之所以推荐这些基金，是因为它们已经涨了很多了，有明显涨幅数据可以打广告出来，所以才会被大家看到。但太多投资者抢的未必是好东西，群体行为很多时候都是非理性的。

就算是只好基金，在这个时候，它的净值大概率已经过高，盲目买入的话，很可能就做了接盘侠。所以基金排名也仅能作为选基的参考，还是需要综合运用前面讲的筛选基金的方法，多维度综合考虑，再做出自己的判断。

可能很多人以前买基金，都是身边朋友推荐什么就买什么，或者看哪只基金涨得多就买哪只。要提醒大家，挑基金的时候，千万不要只看历史业绩，因为历史业绩只能代表基金过往是只好基金，但它无法预测基金未来的表现。所以以上维度都需要结合起来，动态考察基金的表现。

有了科学的选基框架，不一定保证能赚到钱，但会帮助我们避开很多投资上的坑。在刚开始接触投资的时候，最重要的还是树立科学正确的投资思维，在建立自己的知识框架这件事上，打好地基，才能建高楼、宴宾客。

6. 投资基金的注意事项

了解了基金的基本概念和分类，在真正开始动手之前，有几点注意事项不得不提示一下，新手尤其需要注意。

第一，了解自己的风险承受能力。

投资最重要的是，除了了解你投资的东西之外，你还需要了解自己。你自己是什么样的投资者？风险承受能力如何？适合什么样的基金？

我们一般把风险承受能力分为两部分，一是客观资产状况，二是个人主观意识。

客观资产状况就好比一个人的身体是否强壮，块头大的人抗击打能力就强，被打几下也不至于伤筋动骨；如果你资产本身比较多，那投资遭受一点亏损也许并不致命。而个人主观意识就好比一个人的胆儿有多大，胆大的人更倾向于冒险，有一颗强大的心脏，能够面对忽上忽下的收益波动。客观状况与主观意识需要结合起来考虑，如果一个人本身资产较少、身体虚弱，即使他内心能够承受风险，他的客观现状也并不允许。

所以在开始投资之前，需要先综合考虑以上两点，判断一下自己的风险承受能力。如果你厌恶风险，可能更应该考虑投资低风险的债券基金以及货币基金；如果你的风险承受能力很强，则可以投资股票型基金、指数型基金。

出手前的准备工作很重要。要坚持做到学习、分析、权衡，再做决定，切忌跟风购买。要知道，很多基金的风格就是涨得快跌得也快，不要为了眼前短暂的利润而冲动。仔细研究基金规模、基金的长期过往收益、基金经理的投资风格……这些都是出手前的必修课。

此外，选择基金除了要看自身的风险承受能力和产品的风险，还要结合其他因素，例如你的钱可以放多久、你的财务目标是什么等。

一般来说，可以投资的期限越长，可以接受风险就越大，因为时间可以换空间，长期看下来，短期波动的影响会变得更小。

投资也需要明确目标。例如在你 30 岁时，想通过投资为 60 岁的自己准备养老金，那么你就有 30 年的投资期限。你完全可以利用长期投资的优势，去寻求最大的收益。这个时候，就可以选择最激进的股票型基金，选择一组风险大、预期收益也高的基金。但如果，你的投资目标是通过买基金获得收益，在一年后攒够钱买喜欢的车，那么你就不适合选择激进的股票型基金，而是得选择相对稳健的债券型或货币基金。因为一年的投资周期相对较短，股票型基金短期内的收益不确定性太大，如果市场行情不好，一年后你的钱很可能出现亏损。而债券型基金和货币基金虽然收益少，但更稳健，起码能保证一年后不亏钱。

第二，应该拿多少钱来投资基金？

用于投资基金的钱并不是越多越好，要根据自己的实际情况做出合理规划。前面我们也提到过如何进行科学合理的资产配置，最好只拿出家庭总资产的 30% 博高收益的投资。在此基础上，投资还需要尽可能分散，基金虽好，可不要贪多，尽量不要把所有钱都放在某一类基金里，尤其是波动较大的股票型基金。

首先还是那句话，投资一定要用闲钱，绝对不能借钱投资。因为我们很难把握短期市场涨跌，万一出现亏损了，你只能割肉出局，雪上加霜。

有一个简单的计算公式，可以用来估算多少资产用于有风险的投资，多少资产用于保守的投资。这个公式就是，风险投资的资产比例 = 100 - 你目前的年龄。意思就是，年纪越轻，越可以做进取的投资，毕竟年轻，大不了从头再来嘛，往后赚钱的机会还多的是；但年纪越大，就越应该保守，稍不留意就可能把养老的钱赔进去。

举例来说，我目前是30岁，我就应该投资70%（100-30=70）的闲置资金在高风险高收益的产品上，比如股票型基金。剩下30%，最好就用来买更保守的货币基金、债券等。

但如果是我妈妈，她已经55岁了，那么对她来说风险投资不应该超过45%（100-55=45），保守类型的投资应该至少占到总闲置资金的55%。

第三，不要进行过度频繁的操作。

有别于投资股票和封闭式基金短线进出的操作方式，开放式基金基本上是一种中长期的投资工具。这是因为股票和封闭式基金的价格都受市场供求的影响，短期波动性较大，而开放式基金的交易价格直接取决于资产净值，基本不受市场炒作的影响。

此外，基金交易是有成本的，尤其是持有时间小于7天，赎回费会高达1.5%。因此，太过短线的抢时机进出或追涨杀跌不仅不易赚钱，反而会增加手续费，增加成本。

投资这件事，并不是操作得越频繁越好。当你认准了一个东西，拿住后、不折腾，有时反而是更优解。

第四，爆款基金可能是一个坑！

所谓的爆款基金，就是基金界的“网红产品”，专门指那些市场关注度非常高、想买的人特别多、认购申请金额远远超过需要募集金额的基金。

一款爆款基金往往有如下特征：在牛市里发行、由明星基金经理管理、往往是股票型基金或偏混合型基金。一旦产品出炉，各大平台争相宣传，一时间火热异常，人人都想买、却还出现买不到的情况。

但爆款基金却有可能是一个坑，投资时一定要谨慎。

从基金历史上看，不少当时备受追捧的爆款基金，至今还处于亏损状态。例如，成立于 2015 年 6 月的工银互联网加股票基金、成立于 2015 年 4 月 30 日的易方达新常态基金，迄今均亏损超 30%；成立于 2007 年 8 月的中邮核心成长基金，成立 12 年半了，迄今依然亏损近 16%。（注：来源于 2020 年 4 月数据）对于持有上述基金 5 年以上乃至 12 年的投资者来说，这堪称梦魇一样的投资体验。

有些爆款基金业绩遭遇滑铁卢，往往并不是基金经理管理能力差，而是这些基金的发行时间比较尴尬。基金公司之所以会选择在某个时间段内集中发行新基金，是因为那个时间段是我们所说的牛市，市场热度比较高，一些原本不炒股的人也纷纷按捺不住，要把钱投进股市里。这样对于基金公司来说就比较好募集资金。

但问题就在于，市场过热，就意味着市场处于上涨中，并且大概率是已经运行到了一个相对高位。在这个时候建仓的基金，本身就是高位接盘，是有巨大风险的。

就长期来看，我国股市向来都是“牛短熊长”，上涨的牛市短促，下跌的熊市漫长。并且牛市往往以急跌的方式结束，所以高位建仓的爆款基金在发行后的一段时间，大多不会有特别好的表现。

总结一下，买入基金一定要避免牛市买入，避免在市场情绪高涨时买入，还要避免买规模过大的基金——这些都是爆款基金所具备的特征。

第五，买基金还有很重要的一个原则，就是多元化。

有资料显示，从长期收益来看，市场上排名前 100 位中最好的基金和最差的基金，收益率相差不会超过 15%。所以在购买基金的时候，建议手中最好持有 3~5 只基金。这样倘若某基金暂时表现欠佳，通过多元化的投资，单只基金不理想的表现便有机会被另一基金的出色表现所抵消，比持有单只基金的风险更小、收益更高。但是，多元化并不意味着越多越好，持有过多的基金反而不方便管理跟踪，坚持极简高效是最好的原则，3~5 只基金既可以分散风险，又不会过于分散。

以上五点关于基金需要注意的小常识，虽然不是什么理论框架，但是在我们的实际投资过程中也非常重要。投资市场是多元化的，我们在了解了产品特性的同时一定也要深刻认识自己，很多投资者最终亏钱并不是亏在某个基金产品上，而是亏在了心态上——稍微一有波动，心态马上就崩了，学过的那些理性投资思维忘得一干二净。再有就是听信谣言、盲从小道消息，看到别人说明天可能大跌，立刻清仓卖出；听说有可能大涨，马上满仓杀入。这些都是非常要不得的。

俗话说，知己知彼，方能百战百胜。开始用真金白银试错之前，心态一定要稳。

第十章

离想要的生活更近一点

1. 管理时间，比管理金钱更重要

看完了前面的内容，或许有人会说，道理我都懂，可我就是没时间理财啊!

世界上最公平的事情就是，每个人每天都只有 24 个小时，但为什么有人可以工作效率超高，一天完成很多任务，而有的人工作效率低下，总是抱怨自己没时间呢?

会这么说的人，其实不是没有时间，而是还没学会管理时间。

管理时间，是比管理金钱更重要的事。钱没有管理好，顶多就是在浪费钱，而时间没有管理好，某种程度上可以说是在浪费人生。

以下三个时间管理的观念，或许会帮助你找回自己丢失的那些时间。

第一，花时间做重要的事，而不是只做紧急的事。

在时间管理上，有一个重要的理论，就是“时间四象限法则”。

这是美国管理学家史蒂芬·柯维提出的理论，他将工作按照重要和紧急两个不同的程度进行了划分，将其分为四个象限：既紧急又重要、重要但不紧急、紧急但不重要、既不紧急也不重要。

我们应该优先处理第一象限内既紧急又重要的事情，例如老板找你办事、客户找你办事、必须在特定时间完成工作任务、参加某个重要的会议等。

接着处理第二象限内重要但不紧急的事情，例如做职业规划、投资理财、读书学习、健身锻炼等。

再处理第三象限内紧急但不重要的事情，例如回复一些不重要的邮件、被临时安排的某项任务或某个会议等。

最后才是第四象限内既不紧急也不重要的事情，例如追剧、看综艺、刷手机、社交应酬等。

第四象限的事情是最好区分的，这个象限的事情可以用来当作前三个象限的调剂，比如疲惫的时候泡个澡、看个综艺，放松一下自己。但时间不宜过多，避免在既不重要也不紧急的事情上耗费太多时间。

最难区分的是第二象限和第三象限。绝大多数人正是因为耗费了过多时间去做紧急的事，而忽略了更重要的事，最后变成了瞎忙：好像每天都很忙，回到家累得什么都做不了，但一年到头，工作并没有进步，钱也没有赚更多。

原因很简单，绝大部分你人生中紧急的事，其实都是别人的事。如果真正要改变，你需要花时间去做自己的事。

有研究做过普通人和高效能人士的时间管理对比，最大的不同就是，普通人会花 50%~60% 的时间在第三象限，也就是紧急但不重要的事情上，而只花 10%~15% 的时间在第二象限真正重要的事情上。而高效能人士会拿出 65%~80% 的时间去做重要但不紧急的工作，只花了 10%~15% 的时间在紧急但不重要的事情上。这是因为他们把大部分工作都提前统筹和规划好了，其余象限的工作自然而然就减少了。

曾有位效率研究专家为一个企业家提过一个建议，就是手边的事情并不一定是最重要的事情。为了避免花时间去处理手边琐碎的事情，每天晚上可以写出你明天必须做的事情，按照事情的重要性排列。第二天先做最重要的事情，不必去顾及其他事情。第一件事做完后，再做第二件，以此类推。

时间四象限管理法的目标并不是鼓励大家将日程时间安排得极其饱满，让大家觉得，每天要做完很多事情，才有成就感，而是要让我们学会将时间、精力更多地分配到那些对于达成人生目标有重要价值的事情上，即关注那些“重要不紧急”象限里的任务。这些任务虽然在当下看起来不紧急，你现在不做也不会立刻有什么损失，但如果不重视的话，随时都会发展成为重要而且紧急的事情。比如，正是因为平时没有花时间坚持健身、运动锻炼、定期体检，才会突然生病，发展为紧急的事情；也正是因为平时没有做好财务规划，没有储备紧急备用金，才会在突然失业、失去收入的时候陷入财务危机。

对于第二象限里这些重要但不紧急的事情，大家可以先进行目标描述和任务分解，然后有计划地去做。最好制订一份时间计划表，持续推进，避免它发展进入第一象限。拿理财来说，可以先设定大的目标，然后进行目标拆分，例如通过记账了解自己的财务情况，制定下月的开销预算等。哪怕再小的一个动作，也是一种开始。而当我们开始做的时候，就会迫使自己将更多的精力花在第二象限。

《一周工作 4 小时》这本书里有这样一句话：“把不重要的事情做得很好，并不会让这件事情变得很重要；花很多时间做好一件事，也不会让这件事变得重要。”

你本来就不可能做完所有事情，所以一定要抓大放小。

时间管理学专家劳拉·范德卡姆曾在一场TED演讲中提到：时间管理的关键在于选择，我们并不是通过节省时间来创造理想生活，而是先创造理想的生活，时间自然就会节省下来。比如，她建议：你可以想象现在是年末，像做年终总结一样列出这一年让自己获得成长与幸福、让生活变得更精彩的几件事，这样你就有了一个年度要事清单，再去分解任务，制订自己每月、每周的优先级事项。

另外，我们在做目标分解时，也要注意第一象限和第三象限的区分。同样都是紧急的事，第一象限的事情做好了，会对你个人的长期规划有推动作用，而第三象限的事情做好了，并不会对你的长期规划有大的推动作用。比如我们在工作中可能都遇到过的，某位同事遇到一个麻烦，跑来跟你抱怨。你碍于情面不得不听他讲述，他所描述的这个问题很麻烦，你没法直接给出答复，只能停下手中的事情，和同事一起想办法。虽然是出于好心，但我们应该尽量避免这种情况，否则最后的结果是，我们光想着解决别人的问题，却没时间解决自己的问题了。

道理都懂，那接下来具体应该怎么做呢？

首先，列出手上的待办事项清单，按照四象限归类。可以给所有的待办事项都分别进行“轻重”和“缓急”的区分，轻重程度的标准是按照你的职业价值观来判断的，而缓急程度是根据时间截止期限来确定的。简单评估一下，你就可以把所有待办事项分类归集到对应的四象限中。你必须清楚白天一定要完成的最重要的事情是什么，并且只去做那件有着最大影响的事情。

其次，归好类之后，看一下你的待办事项里是不是只有工作，而没有自己的事情，如果是的话，就需要检讨自己是不是在瞎忙。读书、健身、理财这些重要但不紧急的事情，一定要安排进你的待办事项中，最好能占到你下班后时间的一半以上。你可以每天给自己安排一个完整的时间段，哪怕只是1小时，你要利用这个时间，让自己不看手机、不接电话，全心处理那些对自己重要但不紧急的事情。

接下来，你要把握一个原则：第一象限的事情立刻去做，第二象限的事情有计划地去做，第三象限的事情交给别人去做，第四象限的事情尽量少做。

第二，正确定义时间效益，增加专注的时间。

很多人对时间管理的一大错误理解就是，要最大化利用碎片时间、一分一秒都不要浪费。

其实这种时间管理方式是工业时代的做法，是工厂用来管理工人的方法，而不是我们应该采用的管理自己时间的方法。

工业时代的传统管理学认为，将时间和精力最大化，就能得到最大生产力。但其实，得到的只是劳动力。处于信息时代的知识工作者，我们需要的是专注力。

如果你足够专注，就可以事半功倍，很多事情都只要很短的时间就能完成。而如果同步处理多项任务，长时间疲劳工作，经常被某些事情分心……时间花得多了，专注力却下降了。如果你损失了一半的专注力，多花两倍的时间都不见得能够弥补回你的生产力。

脸书创始人扎克伯格就说过，他每天只计划4~5小时真正的工作。当自己在状态时，就多干点，不然就好好休息。有时会连着几天不在工作状态，有时回到工作状态又会连着干几个通宵，这都很正常。工作追求的是高效，而不是干满每一分每一秒。

比如扎克伯格建议把会议和沟通（邮件或电话）结合，创造不间断工作时间。因为一个小会议，也可能会毁了一个下午，因为它会把下午撕成两个较小的时间段，以至于什么事情都干不成。另外，一天内尽量保持相同的工作环境，如果在项目和客户之间频繁切换，会导致工作效率下降。一天之内最好也不要给自己设置太多任务，这只会消耗注意力，最好保持专注，一心一用。

扎克伯格还一直坚持使用“番茄工作法”。简单来说。就是把工作时间划分为多个番茄时间，一个番茄时间包含两个部分：25 分钟的工作学习和 5 分钟的休息。这样在工作—放松—工作—放松的交替中，实现专注和高效。

有一句在创业圈很流行的话：不要用战术上的勤奋，去掩盖战略上的懒惰。意思就是，花时间做了很多无谓的工作，表面看上去很勤奋，但实际上生产力却非常低。

关键在于专注带来的效率，而不是时长。

第三，意识到你的时间很值钱。

时间是比金钱更宝贵的资源，因为钱用完了还能赚，时间花掉了就真的不会再来。

这也是我在之前创业的经历中学到的最宝贵一课。我在刚开始创业的时候，什么都喜欢自己做，事无巨细，甚至小到一个 Logo 的颜色、一篇公众号文章的字体……一切都亲自操刀，还觉得特有成就感。后来我就被投资人狠狠批评了：“作为一个 CEO，你要知道你自己的时间单价是很昂贵的，应该用来做更有价值的事情，而不是这些花钱雇个人就能解决的琐事。”这番话敲醒了我，让我意识到自己的时间管理观念有多错误。

不管是创业还是工作，你都必须意识到，你的时间真的很值钱。

聪明的人会想办法提升自己的时间单价，比如采用精进业务能力让自己升职加薪的方式，提升自己的工作时间单价。还有更聪明的人，会通过平台、系统，把一份时间出售给很多人，例如在网上开网课，可以从一对一到一对多，时间利用价值大大翻倍。而最聪明的人，会通过花钱，向别人买时间。

打个简单的比方。花 200 元请保洁来家里打扫卫生，对很多人来说可能都是一种有点奢侈的消费。比如我妈就常数落我，不就是打扫卫生嘛，自己做不就好了，干吗花那个钱！但真正懂得自己时间单价的人会这样计算。假设自己一个小时的时间价值是 200 元，那如果要花 4 个小时打扫卫生，价值可是 800 元；而请人打扫，只花了 200 元，帮自己省下了 4 小时的时间，可以专注去做更有生产力的工作。

所以，你需要重视自己的时间，想办法提升自己的时间单价，并学会合理运用金钱去交换时间，产生更多价值，这才是时间的正确使用方式。

如果你现在还认为自己没时间理财，先看看自己在时间管理上出了什么问题。大部分情况下，你并不是时间不够，只不过是没有管理好时间罢了。

2. 稳步致富，你需要耐心

亚马逊的创始人贝索斯有一次曾问巴菲特："你的投资理念非常简单，为什么大家不直接复制你的做法呢？"

巴菲特回答："因为没有人愿意慢慢地变富。"

巴菲特这句话，直击了人性的弱点。

尤其是现代人，大都有一个通病，就是求快。吃饭要吃快餐，最好是 1 分钟即食的；看视频要看短的视频，超过 1 分钟就没了耐心；走路想走捷径，甚至等红绿灯也觉得是在浪费时间；赚钱就更想赚快钱，只想知道如何一夜暴富，没有耐心慢慢赚钱；今天创业，恨不得明天就要回本，后天就能盈利，无法承受任何账面上的亏损……以至于到了理财投资，也恨不得刚把钱投进市场，就能看到结果，像中彩票一样。

无法积累财富的人大都有很典型的短线思维，在投资理财方面总是很急功近利。很多关于快速理财的宣传语诸如"如何靠投资做到月入百万""如何理财能在三个月内让本金翻倍"等在网络上铺天盖地，侵入普通人的大脑，让他们以为投资是一件非常容易的事。但事实上，拥有这种心态的人不是在投资，而是在投机，和赌场里的赌徒没什么两样。我们常说"欲速则不达"，急功近利的人最容易走弯路。越是追求短期效果，就越容易遭遇"黑天鹅"。

什么是黑天鹅呢？塔勒布在《黑天鹅》这本书里提出了黑天鹅的概念，也就是难以预测的随机事件，而人类历史本身就是由一系列黑天鹅事件构成的。

最近发生的黑天鹅事件，最典型的就是新冠疫情的发生。时间倒退到2020年新年前夕，当大家都在欢欢喜喜准备迎接春节，很多人买好了机票、订好了酒店准备全家去旅行时，没想到一场灾难就此悄悄降临。

可怕的不是已知，而是未知。所以，千万不要对自己的知识有着过度的自信，因为世界的不确定性随时可能降临在我们身边。而很多随机事件的发生，也都会及时反映在股市的波动上。

有人能想到某天香港会突然调高股票的印花税吗？没有。有人能准确知道南向资金、北向资金明天会怎么流动吗？没有。

但这些事情的发生，都会带来股价的及时反应。如果你刚好在事情发生前投入了一笔钱，结果却恰好赌错了方向，就好像疫情发生前押注了大量资金在日本房产的那些人一样，疫情这个黑天鹅的到来，就有可能把他们的世界炸出一个大洞。面对这样的随机事件，运气好就能赚到一笔，并把运气错当成是实力，试图分享自己的致富经验；而运气不好的，就只能成为“韭菜”。

你可能看到过层出不穷的“股神”，吹嘘自己在股市某一年的战绩如何厉害。在牛市的时候，你会发现朋友圈里很多人晒出年化收益超过50%的涨势图。但是这么多年下来，真正被大众公认的股神却只有巴菲特，而他的平均年化收益也不过20%而已。

巴菲特用一生之力让自己的年化收益保持在20%，靠的是能力，我们朋友圈里的“股神”某一年年化收益50%则靠的是运气。因为市场短期的随机性非常大，涨跌波动都有可能，短期的盈利极有可能和运气相关。

赶上行情好的时候，楼下王大爷张大妈随便买个基金，很轻松也都能一年翻几倍。但这样的收益，大概率是无法被复制的。你再给这些人一百万，让他们在第二年把这笔钱变成两百万，你觉得他们能做到吗？所以，千万不能把短期的随机性，当作是可复制的经验。

和随机致富不一样，长期收益需要的不仅是运气，还有良好的心态、专业的能力以及长久的坚持。价格的短期波动会受到各种随机因素、黑天鹅事件的影响，但长期来看，价格是终将回归价值的。

"价值决定价格，供求关系影响价格，价格围绕价值上下波动。"这是我们在马克思的《资本论》里都学过的一句话。我们无法掌控随机性，也无法避免黑天鹅，但我们可以耐心等待，用时间将黑天鹅对我们的影响降到最低，用时间等待价格和价值平衡的回归。就如同巴菲特所说："时间的妙处在于它的长度。"

在投资市场里短进短出，你可能会运气好得赚到很多钱，也可能会运气不好亏得很惨，逃不过随机性的影响。但有了足够的耐心，选一个好的行业，选一个好的公司，在市场恐慌的时候进场，耐心持有三五年，收益率一定可观。时间越长，随机产生的各种杂音就越有机会相互抵消掉，优秀的公司价值也会愈发明显。

当下，大多数人的投资眼光只能着眼在一年以内。不仅是投资，也包括事业、感情或人生方向的选择。大多数人希望自己做的事情能在半年到一年内就有结果，如果一年内看不到预期的结果，就会果断放弃，不再持续投入。

能把眼光放长到 3~5 年，坚持一件事做 3~5 年的人少之又少。但正是这样的人，可以避免频繁的短线操作，将注意力专注到自己足够相信、足够认定的事情上，也愿意花足够长的时间做研究、去努力，得到的结果自然不会差。

就如同亚马逊的创始人贝索斯曾说，把眼光放在一年内，你的竞争者可能很多；但把眼光放长到十年，你的竞争者可能只剩几个。

投资也好，创业也好，人生也好，能持续获得成功的人，大多只是比别人多坚持了那么一点点。作为一个普通人，目光放长远，有耐心，就已经是一种非常有智慧的投资策略了。

成功的最好方法就是做个长期主义者。不管是投资理财还是人生成长，长线主义者往往都是最后的赢家，因为他们能看得更远，不会被眼前的利益所蒙蔽。

我很喜欢的一句话是这么说的：成功的路上其实并不那么拥挤，因为它会一层一层筛掉很多人。就拿理财这件事来说，当你意识到理财和财富的重要性时，你已经胜过了一半的人。在这一半想理财的人里，开始认真学习理财、买书上课的人，只剩下 1/4。

在这 1/4 开始理财的人里，真正用钱去试水、去执行的人，只剩下 1/8。最后这 1/8 开始执行的人，在几个月后，因为工作繁忙、懒惰或是亏钱之后心态不好、坚持一段时间没效果等原因，又有一半的人放弃了，最后坚持下来的人可能只有不到 1/20。

学会耐心坚持、享受时间的复利，才是普通人成就自我的最简单却又最难做到的成功秘籍。

褚时健 74 岁二次创业，84 岁时因“褚橙”再次收获成功。他曾在采访中提道：“这几年，不少 20 多岁的年轻人跑来问我为啥事总做不成？我说你们想简单了，总想找现成、找运气、靠大树，没有那么简单的事。我 80 多岁，还在摸爬滚打。你们在急什么？”

回头看一看自己，只要你的收入持续大于支出，只要你有坚持记账、做好财务分配的习惯，那就给自己一点时间，专注在自己手上该做的事情，稳稳走好每一步。财富自由不是靠抄小道，而是靠稳步前进。时间久了回头再看，你一定会为自己的坚持而感到骄傲。

3. 你永远赚不到你认知以外的钱

投资中有一句名言：你永远赚不到你认知以外的钱。

什么是认知？说个小故事。

一群人发现了一块黄金，为得到这块黄金，众人抢得头破血流，难分胜负。这时候，另一个人从人群旁边走过，轻轻捡起一块钻石走了。

这个人并不是没有能力去抢夺黄金，而是他知道，钻石比黄金更值钱。而那些正在哄抢的人，自始至终不知道这一点。

这就是认知能力高低的区别。认知可以让你看到事情的本质，在投资方面，意味着你能看清一个理财产品的优劣势，看清一家公司的商业模式，简单来说，就是你比别人更清楚钱到底在哪里。

我们往往容易将别人的成功归因于对方的家庭背景、地位、学历等短时间内我们无法改变的客观事实，但实际上，穷人和富人的差距远不止金钱，最本质的差别是认知能力。

同样，一个人认知的不足，也会直接反映在亏钱上。

有一句很流行的话："靠运气赚来的钱，早晚有一天会靠实力亏掉。"你所赚的每一分钱，都是你对这个世界认知的变现。你所亏的每一分钱，都是因为对这个世界认知有缺陷。投资最有趣的地方，就是不管赚钱还是亏钱，这个过程都会让你更加认识你自己，知道自己的认知边界在哪里。

每次市场震荡的时候，都会有很多人到处问：该不该卖？还能加仓吗？跌得好惨怎么办？

说实话，“怎么办”这个问题的答案，应该是在你把钱投出去之前就想好的。投资不是投机，需要有明确的思考与计划，买之前想清楚为什么买、要拿多久以及之后如何应对市场情况。你的止损线、止盈线，都应该是提前规划好的，而不是事情发生了再来想该怎么办。

当你的认知不匹配你的财富的时候，你赚到的钱不过是暂时停留在你的口袋里，这个世界早晚会有一百种方式收回。

我身边就有太多这样的案例。

比如 2016 年 P2P 大热的时候，身边有很多人在买，之后 P2P 平台大面积倒闭的时候，很多人被套牢了。而这些人中的大部分打从一开始就不知道 P2P 到底是什么，只是盲目跟风罢了。

再比如在 2017 年，“币圈”最火热的时候，好多人看着翻倍增长的收益，很难不动心。入场的时候，每个人都觉得自己肯定不是最后一棒，都想当捞一笔就跑的聪明人，直到最后那些山寨币一夜之间崩盘的时候，才知道自己成了“韭菜”。

就连我自己，也曾经在对股市一无所知的情况下，请别人帮我炒股，试图去赚我认知外的钱，最后亏得一分不剩。

要知道，这个世界上的钱有两种，一种是和你有关系的，一种是和你没关系的。不懂的产品，不要去碰，也不要试图广撒网，因为没有人能够赚到天下所有的钱。不要去追随他人、追随市场，而要追随自己内心真正理解的东西，只投资自己看得懂，并真心关心的东西，只赚属于自己的钱。正所谓“弱水三千，只取一瓢饮”。

道理容易，做起来却很难。

在市场中，有赚就有亏，浮盈浮亏在所难免，但这也是我们不断复盘、修正自己的最好机会。如果投资前的分析是自己做的，投资决策也是自己做的，那么即使亏了钱，至少可以告诉自己：我也会犯错，但我不会后悔。“不碰自己看不懂的，不做自己能力圈以外的投资。”如果某一次的亏钱能让你真正领悟巴菲特的这句劝诫，就当交了学费，也为你今后更多的投资提前排了雷。

真正的“韭菜”不是亏掉钱的人，而是缺乏基本认知和独立思考，被别人忽悠着亏了钱，以至于亏完钱都不知道为什么，也无法总结经验教训的人。

只有不断提升自己的能力，提高自己的认知，赚到的钱才是真的属于自己的。

那普通人该如何提高自己的认知能力呢？

我们每个人一生的阅历是有限的，但能从别人身上学到的东西却是无限的。最快捷有效的方法是找到认知范围比你大的人，不断向他们请教、学习。和优秀的人在一起，虽然不能让自己立刻也变得很优秀，但起码你是在向上走。

有一个说法是，你的财富等于你身边5个人的平均值。想一下，平日里和你相处时间最长、关系最亲密的5个人，从他们的收入上，大概就能推断出你的收入。

为什么？

因为亲密交往的人之间会互相影响，你会经常与他们互相交流，传递信息，进而改变自己的思维方式和行为模式。你们会互相成为彼此的平均数，你的财富和智慧，就是几个人的平均值。

如果你觉得自己最好的 5 个朋友之中某一个人特别有钱，而其他人的经济状况则相对较差，那么只有一种可能——你身边的亲密朋友和对方身边的最亲密的人完全不同，可能只有你们两个人是其中唯一的交集。

拿我自己来说，顺利考上名牌大学、出国留学又融资创业……很多亲戚朋友都觉得我是“别人家的孩子”，但其实我生活在一堆创业圈、金融圈的精英之中，从来没觉得有任何优越感，甚至觉得自己经常掉队。但也因为如此，在不断平衡和找平均的过程中，我发现自己也在努力变得更优秀。

所以，尽量跟优秀的人在一起，观察他们的行事方式。所谓“近朱者赤，近墨者黑”，一个人身边的圈子很重要，随着我们的成长，身边的人在不断变化，你也在不断地被他们改变。你选择身边的人，身边的人也在选择你。

当你没有办法直接和那些成功的人对话时，可以通过读书的方式，学习别人成功的经历。对我来说，书是我最愿意为之花钱的东西。作为一个金融门外汉，我从书中学到的理财投资知识太多了。而且相比市面上那些昂贵的理财课，书的成本真的太低了。

所以，当你不知道做什么或是迷茫的时候，最简单的就是多看些书，扩大自己的认知面。

提升认知，是阶层逆袭的根本，也是防止被收割的根本。

当你的认知越来越高的时候，当你的格局越来越大的时候，理想的生活，就会向你慢慢靠近。

4. 面对未知，怎么理财才不会错

我经常被问到的一个问题就是，如何看待明年的股市？会继续大牛还是出现泡沫崩盘？现在还能入市吗？数字货币都涨翻天了还能不能买？……

老实说，我的答案是我真不知道。

我们都不是神，无法预测未来，我也不想用自己的一面之词给大家任何误导。不过，未来虽然不可预知，但我确定的是，下一次股市的崩盘不是会不会发生的问题，而是什么时候发生的问题。

因为泡沫崩盘是金融市场逃不开的“自然灾害”。远的比如美国股市在1929年、1987年、2000年、2008年等的多次大崩盘，近的比如中国股市在2008年、2009年和2015年等的熊市。

虽然无法预知泡沫什么时候到来，但我可以给到大家的是一些无论什么时候都能使用的建议。以下五件该做的事和三件不该做的事，不管市场怎么走，照着做总不会有错。

五件应该做的事之一：准备好你的紧急备用金。

紧急备用金我强调过很多遍，它是我们开始投资理财的第一步。

天有不测风云，人有旦夕祸福，谁也不知道明天会发生什么事。你可能会突然遇上交通事故，可能会忽然病倒，可能会因为公司不景气突然被裁员……这些意外都有可能会让你突然失去收入。因此，无论何时，都必须给自己留出一定金额的紧急备用金，随时需要就能随时拿出来，你需要保证本金的安全，并且能够灵活地随取随用。

五件应该做的事之二：准备好一定的市场机会资金。

除了准备紧急备用金，你还应该准备一笔闲钱，这笔钱可以让你随时抓住下一个市场机会。这笔钱的重要性可能没有紧急备用金高，但有了这笔钱，如果下一秒股市发生泡沫崩盘，股价全部打折清仓售卖，至少你可以保证手上有“子弹”，能够在低谷最好的时机进入市场。比如 2020 年刚过完年的时候，因为疫情的突发，股市非常低迷。这个大部分人都不敢入场的时段，如果你买入了，拿到现在，应该会赚不少钱。

就像巴菲特说的“别人恐惧我贪婪”。我们可能没有能力在最低点抄底，但是长期看来，低谷买入，能够溢价升值的空间就更大。这里再次提醒大家，投资一定要用闲钱！

五件应该做的事之三：创造多元化的收入来源。

2020 年教给我们最大的一件事就是，千万不要只依靠你的工资，因为生活充满了变数。当股市行情不好的时候，也是经济环境差、企业大量裁员的时候，如果你所在的行业不景气，而工资又是你的唯一收入，你的经济状况就会变得很危险。但如果你有多个收入来源，就不会那么不堪一击。

比如我认识的一个在旅游行业工作的朋友，虽然她一整年在主业上几乎没什么收入，但她有一个副业，就是做代购。以前没觉得代购有什么重要的，但在疫情期间就显得非常重要了。因为这份副业，她和家人的生活不仅没有受到影响，收入比之前还上涨了许多。

同时，也千万不要盲目自信，觉得自己所在的行业很安全。比如美国 2000 年的互联网泡沫，被大量裁员的都是科技企业的员工，而在那之前所有人都觉得互联网就是未来，没人会想到有泡沫崩盘的那一天。所以，我们一定要有居安思危的意识。

另外，我建议大家拥有至少一个可以在线上获得收入的渠道，不管是自媒体、微商代购，还是线上教育……这样如果再发生需要居家隔离的状况，我们可以在家赚钱。当然打造这样的收入渠道需要前期投入时间精力，所以，你现在就应该开始努力准备了。

五件应该做的事之四：分散你的投资。

除了要分散收入来源，在投资方面，也一样不要把鸡蛋都放在一个篮子里。

有人在刚开始接触股票时，会特别看好某个公司，就会投入全部资产只买这一家公司的股票，风险不言而喻。如果炒股，我建议大家至少拥有 10 个以上不同行业的股票，这样一来，任何行业的波动都不会让你一击即碎。

除了股票和基金，大家也可以多关注不同的资产，例如数字货币等，但是对于自己不了解的领域，一定要多学习。

五件应该做的事之五：做好你的主业。

想追求稳定而强大的现金流，关键是要有足够多的初始本金。大多数人投资的问题并不是收益率不够高，而是本金不够多。让本金变多的最好方法，就是追求更好的主业。

也就是说，如果你没有出生在资产雄厚的家庭，一切都要靠自己的双手打拼的话，在你的初始本金还不够多之前，请先努力发展自己的主业，争取更高的薪水。当工作占用了你的大部分精力后，在投资上，就选用最简单的指数定投就好了。虽然收益率不一定是最高的，但你省出来的时间精力用到主业上，能让你的整体收入增加。

本金是“1”，会理财是后面的“0”。如果你每天花很多时间精力来看盘，很容易因股票涨跌而产生强烈情绪波动，进而影响你的工作质量，那就是因小失大、本末倒置了。

三件不要做的事之一：不要追高，不要追高，不要追高！

重要的事情说三遍！

我在很早的时候买过特斯拉的股票，后来当我觉得它的价格已经超出预期的时候就卖掉了。虽然现在我也很看好这家公司，但在我看来，一只市盈率超过 1500 的股票，其价格已经远远超过了它的实际盈利价值，此时再去买这只股票，就很难判断这是在投资还是在投机了。

可能有人担心会错过好时机，在我看来，错过时机并不要紧，我也曾经错过了很多好时机，但这个市场最不缺的就是机会。要想稳步致富，你需要的是耐心。等得越久，越不容易遭遇随机性带来的损失。

不要追高，这一点对于任何投资市场都适用。

三件不要做的事之二：不要一次性把所有的钱都投出去。

不管是买股票、基金，还是买数字货币，做任何投资都一样，把钱一次性全部投入是一件非常高风险的事情。

我们常常会因为害怕错过而一冲动就“跳上车”，殊不知自己正在最高点，“上车”后紧接着就会遇到股市急转直下的状况。

所以，千万不要把钱一次性全部投入，而是让自己手里留有一定的“子弹”，当机会再出现时，你能够随时再“上车”。

三件不要做的事之三：不要因为害怕风险，就把钱都存在银行里。

在通货膨胀的大前提下，除了留一部分紧急备用金和闲钱之外，剩下的钱如果你什么都不投资，那么手里握着的这笔现金，会以越来越快的速度贬值。现金是最差的资产，因为它每一天都在贬值。

你可以用这笔钱去投资股票、基金、房产、黄金、数字货币等，这些都比你拿着一大笔现金在手上要强得多。虽然投资有风险，但是投资总是比不投资要好，不投资你肯定在亏钱，投资你有概率会赚钱，当然前提是正确的、科学地投资。

这个世界充满了未知，但我们一样可以在未知中寻找确定性。有一些事情是永远都不会错的，比如不要乱花钱，控制自己的消费，定投指数基金，给自己和家人配齐保险，合理规划自己的财务……

不管股市怎么走，先培养科学、正确的理财观，都是会让自己受益终身的事情。

理财投资是一辈子的事，好好学，慢慢来。

5. 执行——通往理想生活的第一步

很多人都问我，当时是怎么开始学习理财的？其实和大家一样，上网找资料、学课程、买书看书……他们会觉得疑惑："这些事情我也都做了，怎么我没有看到自己的任何变化？存款为什么也没有变多？"

很简单，因为没有把想法转变成行动。

理财只是一个名词，去执行并坚持，才会变成一个动词。我们不仅仅要学习理论知识，更重要的是，还要和实践相结合。

你可以回想一下每年的年初，你是不是也和很多人一样，列下了自己的新年目标清单？到现在，这些目标又实现了多少呢？是不是忙碌了一整年，到头来才发现曾经列下的一大堆目标根本没时间完成，甚至连第一步都没有迈出？到了新一年的年底，又列出一大堆目标计划，下一年又循环往复。

如果你真的想要让自己在今年比去年过得更好，让自己在下一次做年度总结的时候可以骄傲地说出自己完成了什么目标，那么你现在需要做的就是，先找到一个目标，然后马上去行动。

当然，并不是说为了完成一个目标，就一定要把其他目标都舍弃。但是就现实来看，我们一生中会有很多目标无法实现。

大部分的目标都难逃在设定完后就被一堆琐事淹没掉的命运。因此，要认真问自己的是，如果给你机会，哪些目标是你内心非常期望达成的?

如果你希望提升目标的达成率,先锁定一个最重要的目标，去执行。就算只有一个目标，当你好好去执行、一步一步去实现它时,就很有成就感。当这个目标完成时,再设定更多的目标。

看完这本书，我希望你现在可以给自己设定一个今年的大目标，这个目标既不要太低，不至于随随便便就能达成，也不要太高，让自己失去信心，最好是踮踮脚才能够到的那种。

我用过一个叫“3W 法则”的方法来设定目标，实践下来发现，它的确能够切实提高目标达成率。

第一个 W 是 Where：你要去哪里?

第一步，先定出一个你今年最想达成的目标。想一想，在今年的最后一天来临时，你希望能够达成什么样的成就？想学习一门新的语言？读完多少本书？存到多少钱？还是减重多少公斤？这些都没问题，但不能贪心，只能选一个，是你最想做到的那一个。

这个你今年最想完成的事,就是你今年要专心努力的方向。其他的目标，暂时都要为它让步。

第二个 W 是 Why：你为什么想实现这个目标?

确定了目标，接下来就需要找出想实现这个目标的原因，它将会成为你的动力。写下这个动力，你才会知道你是在为谁努力，为什么而努力？在你因为生活琐事而使得目标的完成进度变慢甚至慢慢停滞的时候，回头看看自己当初写下的目标和动力，尝试重新找回完成目标的激情。

第三个 W 是 What：为了实现这个目标，你该做些什么?

第三步，就要开始去做真正会帮助你实现目标的事情了，也就是列出行动清单。在这一步，你可以尽情地大开脑洞、发散思维，尽可能多地列出你能想到的、有助于实现目标的各种行动。列的时候，先不要管这个行动好不好执行或是会不会有成效，反正只要想到了就写下来。

写完之后，再进行排序，从清单中挑出你觉得最靠谱最好执行的行动。如果你在执行过程中发现这个方法没有预想的那么有效，那就换一个，再去执行。总之就是，想到什么就先写下来，然后一件一件去尝试执行，效果不好随时调整便是。

举一个例子来说明吧。假如你的新年目标是多存钱，目标金额是比去年多存 5 万元。那么按照 3W 法则，你可以这样来设定目标：

Where：比去年多存 5 万元。

Why：希望自己有更多的可支配资金用于投资，增加被动收入，增加安全感。

What：开始记账，并持续记账；分清必要开销和不必要开销，并减少不必要开销；把账户进行分类，拿到工资先存钱再花费；戒掉花呗，给信用卡额度设置一个上限；多阅读理财类的书籍；减少外出吃饭的频率；一整年不买包……

虽然有时候努力也不一定能实现目标，但至少努力的过程会让你变成更好的人。就好像著名哲学家梭罗曾说过的一句话："当你在实现目标时，重点不在于你获得了什么，而在于你因此变成了什么样的人。"过程比结果更重要。

当思想的巨人、行动的侏儒是大部分人常犯的错误。现实世界里，行动者总会击败不行动者，人们往往是依靠行动，而不是想法去领先于其他人。

我希望看完这本书的你，并不只是停留在看和想的层面，而是现在就开始列出目标和行动计划，现在就开始执行，并且坚持下去，不断回顾、复盘……相信一年后，你会和我一样，在年底和更好的自己相遇。

期待看到你行动起来，早日实现自己的理财目标，不再为金钱烦恼，而是让它成为你坚强的后盾。